科技基础性工作数据汇交与规范整编丛书

科技基础性工作数据汇交与整编模式、标准

诸云强　宋　佳　李威蓉　等　著

科学出版社

北京

内 容 简 介

本书是"科技基础性工作数据汇交与规范整编丛书"之一,总结分析了科技基础性工作数据资料的范围、特征,系统阐述了科技基础性工作数据资料汇交的模式流程,汇交与规范化整编各环节的技术标准,并介绍了科技基础性工作数据资料汇交管理软件平台的设计与开发。最后,以"电离层历史资料整编和电子浓度剖面及区域特性图集编研"项目为例,具体介绍了科技基础性工作专项项目数据资料汇交与规范化整编的实践过程。

本书可供从事科学数据汇交管理、集成整编、共享研究的学者、教学人员以及相关工程技术人员等参考,也可为其他科技计划数据资料的汇交管理与整编共享等工作参考。

图书在版编目（CIP）数据

科技基础性工作数据汇交与整编模式、标准 / 诸云强等著. —北京：科学出版社，2019.3

（科技基础性工作数据汇交与规范整编丛书）

ISBN 978-7-03-060721-8

Ⅰ. ①科… Ⅱ. ①诸… Ⅲ. ①科学研究工作-数据-研究-中国 Ⅳ. ①G322

中国版本图书馆 CIP 数据核字（2019）第 040857 号

责任编辑：刘　超 / 责任校对：樊雅琼
责任印制：赵　博 / 封面设计：无极书装

科学出版社 出版
北京东黄城根北街 16 号
邮政编码：100717
http://www.sciencep.com

北京凌奇印刷有限责任公司 印刷
科学出版社发行　各地新华书店经销

*

2019 年 3 月第 一 版　开本：720×1000　1/16
2025 年 10 月第三次印刷　印张：11 1/4
字数：210 000
定价：128.00 元
（如有印装质量问题，我社负责调换）

前　言

科技基础性工作是通过考察、观测、探测、监测、调查、试验、实验以及编撰等方式采（收）集和整理科学数据、种质资源、科学标本、资料信息等，为科学研究与技术开发提供共享资源和条件的工作，其主要任务是完成科学考察、标准物质与科学规范研制、科技基础材料的获取与鉴定评价、志书典籍与基础图件编研、科技资源共性模型与技术方法研究等，对于基础科学研究、重大公益性研究、战略高新技术研究与产业关键技术研发等的发展起到了不可估量的支撑和促进作用。

自1999年国家启动科技基础性工作专项以来，已经支持开展了数百个项目，通过这些项目，积累了一大批重要的科技资源，但绝大部分项目产生的数据资源仍分散在各个项目或课题的承担单位，没有得到有效的集成与规范化整编，部分数据资料甚至濒临丢失，极大影响了科技基础性工作数据资料的对外共享与利用，使其难以体现出在科学、社会、经济等多方面中应有的潜在价值，也在一定程度上限制了基础性事业的发展。在此背景下，2013年科学技术部启动了"科技基础性工作数据资料集成与规范化整编"项目（2013FY110900），其目标是：制定基础性工作数据资料汇交集成与共享服务的管理规范与技术标准，构建基础性工作数据资料集成服务环境，实现科技基础性工作项目数据资料的分类集成与规范化整编。

本书是该项目的重要研究和实践成果，总结分析了科技基础性工作数据资料的范围、特征，系统阐述了科技基础性工作数据资料汇交的模式流程，及其汇交与规范化整编各环节的技术标准，并介绍了科技基础性工作数据资料汇交管理软件平台的设计与开发。

全书的内容组织如下。

第1章：绪论。概述科技基础性工作的内涵与定位、特点及其主要任务，总结科技基础性工作国内外发展趋势，分析现阶段我国科技基础性工作存在的不足以及数据汇交与规范化整编的迫切需求。

第2章：科技基础性工作数据资料。阐述科技基础性工作数据资料的概念模型，包括不同类型数据资源的定义及组成等，分析科技基础性工作数据资料的特征，总结目前我国科技基础性工作数据资料的现状。

第3章：科技基础性工作数据汇交模式与流程。介绍科技基础性工作数据汇交与规范化整编的总体流程，数据汇交的具体内容、流程以及数据资料汇交的组织与管理等。

第 4 章：科技基础性工作数据汇交技术标准。介绍科技基础性数据资料汇交涉及的相关技术标准与规范，包括汇交方案、元数据标准、实体资源描述规范、汇交说明文档编制规范以及数据文件整理规范等。

第 5 章：科技基础性工作数据整编技术标准。介绍科技基础性工作数据整编涉及的相关技术标准与规范，包括数据资料分类编码、数据库设计方法、整编规程、质量控制与评价方法以及数据资料编目规范等。

第 6 章：科技基础性工作数据资料汇交管理软件平台。分析科技基础性工作数据资料汇交与规范化整编软件平台体系，介绍软件平台的总体架构、功能体系以及研发的技术路线及关键技术，以及平台实现的具体软硬件环境和应用模式。

第 7 章：科技基础性工作数据资料汇交与整编实例。以"电离层历史资料整编和电子浓度剖面及区域特性图集编研"项目为例，具体介绍项目数据资料汇交方案、元数据的编写，数据文件整理与汇交，数据资料的集成与整编等。

全书内容框架由诸云强设计，诸云强、李威蓉负责第 1 章、第 2 章、第 3 章、第 5 章和第 4 章部分内容的撰写。第 4 章 4.3 节科技基础性工作实体资源描述规范由何跃明、杨眉撰写，李威蓉整理；宋佳、杨杰负责第 6 章的编写，第 7 章参考科技基础性工作专项"电离层历史资料整编和电子浓度剖面及区域特性图集编研"项目汇交的资料，由诸云强、李威蓉整理，诸云强、宋佳、李威蓉负责全书统稿。

本书的出版得到科技基础性工作专项项目（2013FY110900）的资助。衷心感谢科学技术部基础司、国家科技基础条件平台中心、项目专家组对本书内容的指导，项目组全体成员对本书内容的讨论。本书的出版也得到了中国科学院地理科学与资源研究所资源与环境信息系统国家重点实验室、江苏省地理信息协同创新中心、中国地理学会地理大数据工作委员会数据出版的支持。由于著者水平有限，书中不足之处在所难免，敬请读者指正。

作 者

2018 年 12 月

目 录

前言

第1章 绪论 ······ 1
1.1 科技基础性工作概述 ······ 1
1.1.1 科技基础性工作内涵与定位 ······ 1
1.1.2 科技基础性工作特点 ······ 2
1.1.3 科技基础性工作的主要任务 ······ 3
1.2 科技基础性工作国内外发展趋势 ······ 4
1.2.1 科技基础性工作国际发展趋势 ······ 4
1.2.2 我国基础性工作现状 ······ 6
1.3 我国科技基础性工作存在的不足 ······ 8
1.4 科技基础性工作数据汇交与规范化整编的迫切需求 ······ 9

第2章 科技基础性工作数据资料 ······ 11
2.1 科技基础性工作数据资料概念模型 ······ 11
2.2 科技基础性工作数据资料特征分析 ······ 18
2.3 科技基础性工作数据资料现状 ······ 22

第3章 科技基础性工作数据汇交模式与流程 ······ 25
3.1 科技基础性工作数据汇交整编总体流程 ······ 25
3.2 科技基础性工作数据汇交内容 ······ 26
3.3 科技基础性工作数据汇交流程 ······ 28
3.4 科技基础性工作数据汇交组织与管理 ······ 31

第4章 科技基础性工作数据汇交技术标准 ······ 33
4.1 科技基础性工作数据资料汇交方案 ······ 33
4.2 科技基础性工作数据资料核心元数据及扩展规则 ······ 36
4.2.1 科技基础性工作数据资料核心元数据标准 ······ 36
4.2.2 科技基础性工作数据资料核心元数据扩展规则 ······ 42
4.3 科技基础性工作实体资源描述规范 ······ 44
4.4 科技基础性工作数据资料说明文档编制规范 ······ 62

    4.4.1 科学数据与图集说明文档编制 ·································· 63
    4.4.2 标准规范编制说明 ·· 65
 4.5 科技基础性工作数据文件整理规范 ·· 66

第5章 科技基础性工作数据整编技术标准 ··································· 68
 5.1 科技基础性工作数据资料分类与编码标准 ···································· 68
    5.1.1 分类与编码原则 ·· 68
    5.1.2 分类与编码方法 ·· 69
 5.2 科技基础性工作数据库设计规范 ·· 76
    5.2.1 科技基础性工作数据库设计总体流程 ························ 76
    5.2.2 科技基础性工作数据库设计方法 ······························ 77
 5.3 科技基础性工作数据集成整编规程 ·· 86
    5.3.1 科技基础性工作数据集成整编总体流程 ···················· 86
    5.3.2 科技基础性工作数据集成整编实现步骤 ···················· 87
 5.4 科技基础性工作数据集成整编质量控制与评价规范 ·················· 89
    5.4.1 数据质量概述 ·· 89
    5.4.2 科技基础性工作数据资料集成整编质量控制总体流程 ······ 90
    5.4.3 科技基础性工作数据资源质量元素与度量方法 ········ 91
    5.4.4 科技基础性工作数据质量测量与评价方法 ················ 98
    5.4.5 科技基础性工作数据质量报告书编写 ························ 99
    5.4.6 科技基础性工作数据资源质量评价软件工具 ············ 99
 5.5 科技基础性工作数据编目规范 ·· 106
    5.5.1 编目原则 ·· 106
    5.5.2 编目内容与范围 ·· 107
    5.5.3 编目结构 ·· 108
    5.5.4 编目流程与方法 ·· 109
    5.5.5 扩展原则与方法 ·· 110

第6章 科技基础性工作数据资料汇交管理软件平台 ··················· 111
 6.1 数据资料汇交与规范化整编的软件平台体系 ·························· 111
 6.2 数据资料汇交管理软件平台建设原则 ······································ 113
 6.3 数据资料汇交管理软件平台总体架构 ······································ 114
 6.4 数据资料汇交管理软件平台功能体系 ······································ 115
 6.5 数据资料汇交管理软件平台技术路线 ······································ 117
    6.5.1 通用技术 ·· 117
    6.5.2 平台关键技术 ·· 121

目 录

    6.6 数据资料汇交管理软件平台实现 ·· 122

第7章 科技基础性工作数据资料汇交与整编实例 ·· 127
    7.1 项目概况 ·· 127
    7.2 项目数据资料分析 ·· 129
    7.3 汇交方案 ·· 130
    7.4 元数据 ·· 135
    7.5 数据文件整理 ·· 138
    7.6 数据库设计与数据资料集成整编 ·· 139
        7.6.1 电离层数据库设计 ·· 139
        7.6.2 电离层数据的集成与整编 ·· 140

参考文献 ·· 142
附录 A ·· 143
附录 B ·· 167

第 1 章 绪　　论

科技基础性工作作为基础学科发展、科技创新以及产业应用的基础，能够为国家各类重大科技计划的实施提供基础支撑，对于科技、经济以及社会发展等都具有重要意义。本章将对科技基础性工作的内涵与定位、特点、主要任务等多个方面进行概述，并总结科技基础性工作的国内外研究现状与发展趋势，分析目前我国科技基础性工作所存在的不足，阐明科技基础性工作中数据汇交与规范化整编的迫切需求。

1.1 科技基础性工作概述

1.1.1 科技基础性工作内涵与定位

科技基础性工作是国家科技计划的重要组成部分，是科学研究持续发展和科学技术不断创新的重要基础，在国民经济建设与社会发展过程中居于至关重要的地位。它是对自然现象与事物发展规律、数据、资料及其相关信息等进行系统地观测、探测、调查、处理、鉴定、试（实）验以及综合分析与评价，并推动这些科技资源的广泛共享与利用，从而为基础科学研究、重大公益研究、战略高技术研究与产业关键技术研发等提供服务与支持的一类基础研究工作（黄鼎成和郭增艳，2002；科学技术部，2001）[①]。科技基础性工作具体可从工作内容、研究对象、服务层次等 3 个不同维度对其内涵进行深入理解与剖析。

（1）工作内容

科技基础性工作通常涉及科技资源的采集、整理与保存、流动与使用等 3 个方面的工作。采集是对观测、探测、调查、试验等多种方式的概括，即通过这些方式获取科学数据、文本资料、图片、样本与标本资源等基础性资料。整理与保存是对已有或已获取的基础性数据资料进行加工处理、分类、集成、鉴定，为各类基础科学研究、产业应用等相关工作的开展提供数据基础。流动与

---

① 参见《国家科技基础性工作专项"十二五"专项规划》（公示稿）

使用是以相关法律法规为准则，以统一的技术标准与规范为依据，实现科技资源的共享与传播。

（2）研究对象

科技基础性工作涉及多个学科领域，因此，还可根据不同学科领域与研究对象差异，将其分成自然规律与现象探索、实（试）验研究两种类型。自然规律与现象探索主要集中在地球科学、生物学、天文学、空间科学、农业科学以及材料科学等相关领域，即基于已有的科技资源，分析、探索自然界中存在的演变规律或现象，并从中获取新知识、新原理，提出对实际应用过程中具有建设性的理论与技术方法体系的一类基础研究。实（试）验研究一般围绕物理学、化学以及基础医学等领域，利用各种仪器或装置进行相关实（试）验，获取某些物体的理化性质、属性参数、工艺参数以及新合成的化学物质等有关信息，为其他相关研究提供科学依据。

（3）服务层次

科技基础性工作是以服务于科技进步，推动国民经济建设与社会发展作为整体目标，同时覆盖多个服务层次，涉及多主体参与的一项科技任务，具体可将其归纳为 3 个层面的工作：①科学研究层面：服务于基础学科研究与科技创新的多学科、跨部门且具有共享性质的基础性工作；②国家发展层面：服务于国家经济与社会发展相关的业务活动，如常规的社会公益性事业型活动，重大产业关键技术、战略高新技术研究活动等基础性工作；③区域支撑层面：服务于地方企事业单位发展相关的如生产活动、区域性政策的提出与应用示范等基础性工作。

1.1.2 科技基础性工作特点

科技基础性工作不以产生论文、专利等创新性研究成果为首要目的，具有基础性、公益性、原始性、系统性以及长期性等特点（黄鼎成和郭增艳，2002）。

（1）基础性

科技基础性工作的最基本特点，是不以特定应用为目的，而是以获得关于现象和可观察事实的基本原理及新知识而进行的实验性和理论性的研究，因此，具有基础性的特点。

（2）公益性

科技基础性工作支持的是非营利性和具有社会效益性的项目，其研究成果往往不能为研究人员、团体或机构等带来直接的经济效益，因此，科技基础工作具有公益性的特点。

第1章 绪 论

（3）系统性

科技基础性工作一般围绕国民经济建设与社会发展的不同需求，按学科领域有组织、有规划地进行项目设置与布局管理，并且不同领域内侧重点也层次分明。因此，科技基础性工作具有系统性特点。

（4）原始性

科技基础性工作的侧重点是基础研究，而基础研究是认识自然现象、揭示自然规律，获取新知识、新原理、新方法等原始性创新成果的研究活动。因此，科技基础性工作具有原始性。

（5）长期性

科技基础性工作中某些领域内涉及的数据资源，需要经过长时间的持续观测、调查与实验，才能得到揭示自然现象或规律的演变趋势，因此，科技基础性工作具有长期性。

1.1.3 科技基础性工作的主要任务

科技基础性工作作为基础研究的一部分，重点支持具有一定战略意义和较高科技内涵的基础研究工作，其主要任务可归纳为区域性的科学考察、标准物质与科学规范研制、科技基础材料的获取与鉴定评价、志书典籍与基础图件的编研以及科技资源共性模型与技术方法的研究等5个部分（科学技术部，2001）[①]。

（1）区域性的科学考察

区域性的科学考察是围绕国家重大需求与特定的科学研究，在一些典型的区域开展的综合性考察。例如，青藏高原、南方丘陵、长江三角洲等典型区域综合科学考察；针对植物群落、生物多样性以及外来物种入侵等生物资源科学考察与调查；针对土壤、气候、灾情等与农业相关的资源与环境综合调查；针对荒漠、海洋、湿地、冰川、湖泊与流域生态环境、地球物理参数与标准地层等的科学考察与调查等。

（2）标准物质与科学规范研制

标准物质与科学规范是科技发展、保证国民经济正常运行和社会可持续发展的重要基础，也是提高科学研究水平和促进成果转化的前提与保障。基础性工作在标准物质与科学规范的研制中，侧重于重点学科领域术语、科技名词、资源环境领域综合科学考察的共性规范等通用性、基础性科学规范的研制，以及可溯源的标准物质的研制。

---

① 参见《国家科技基础性工作专项"十二五"专项规划》（公示稿）

(3) 科技基础材料的获取与鉴定评价

科技基础材料是对科技与社会活动具有潜在用途和重大价值的资源宝库，是自然界经过长期演变所形成和积累下来的不可再生物质，例如动植物种质资源、微生物菌种资源、生物标本、岩石矿物标本、化学物品标本以及古生物化石标本等。这些资源一旦消失则不可再生，因此，必须加强对上述物质的获取、鉴定与评价工作。

(4) 志书典籍与基础图件编研

志书典籍与基础图集反映了我国区域特色和世界意义，也详细记录了我国从古至今的具有重大影响与现实意义的历史性事件。基础性工作重点支持如国家大地图集的扩编、跨区域与时代的地图集编研、"三志"（《中国植物志》《中国动物志》《中国孢子植物志》）修编、农林资源图谱图志、中国地质矿产志和地层志编研、化石和古脊椎动物志编研等。

(5) 科技资源共性模型与技术方法研究

共性模型与技术方法在各学科领域内的数据资源处理与综合分析中使用频率较高，也是解决通用问题的有效途径与手段。通过加强"基础研究""前沿技术研究"与"社会公益性研究"等科学研究中急需的共性模型与技术方法研究，可以大大提升基础工作成果的产出效率与质量。例如资料处理和挖掘的模型、方法库，海量数据处理与挖掘分析工具编研，全球变化领域 3D 可视化与仿真模拟技术、国外共性技术与基础技术资料汇编等。

1.2 科技基础性工作国内外发展趋势

1.2.1 科技基础性工作国际发展趋势

科学技术是推动经济和社会发展最高意义上的力量，为人类社会带来了生产方式、生活方式、生存环境、精神文明等多方面的变革，对于促进国家的政治、经济、文化以及教育等方面的发展也有着重要意义。当前，世界科技发展日新月异，科技创新已成为提升综合国力的主要途径和方式，一个国家和民族若能在科学技术上不断进取和创新，就能够实现社会经济的跨越式发展，并且只有拥有强大的科技创新能力，才能应对未来的巨大挑战。因此，国际社会、各国政府与相关机构都非常重视与国民经济、社会发展以及国家安全等都密不可分的科技基础性工作，并将其作为一种评价综合国力水平的重要指标。科技基础性工作在国际上的发展趋势主要体现在以下几个方面。

第1章 绪　论

在综合考察方面，国际上大部分国家都将其作为一种资源与环境调查的有效手段。通过科学考察，摸清资源与环境本底，为各行业与领域内的资源开发与利用提供有效的科学依据与辅助决策。其中具有代表性的有：美国农业部每5年开展一次的大范围森林资源分析；加拿大自然资源部每5年开展一次的森林与草地资源调查；英国针对土地利用与沿革变化情况开展的土地资源勘查（任军和张加恭，2006）；澳大利亚在1964年成立了全国土地调查组，对国土资源进行详尽勘察，到20世纪末，则重点对国家南部进行生态、土地利用与规划等方面的调查；日本作为亚洲最早开展资源与环境调查的国家，从1951年开始，陆续颁布了《国土调查法及实施令》《地籍调查作业规程准则》《国土利用计划法》等一系列的政策与准则，成立了国土厅、国土地理院等机构，大力推进国土资源调查。近年来，北美发达国家则利用航空遥感技术，通过全天时、全天候、高精度、覆盖面广以及系统性强等优势，实现资源与环境的动态监测、永久样地的定期检查与线路式的抽样调查。

在生物种质资源的保存与获取方面，世界各国也非常重视，将其视为一种与社会、经济发展以及国家安全等具有密切联系的重要战略资源。当前，世界大部分国家都针对种质资源建立了完整的信息网络体系，其中美国通过法案，建立了国家遗传资源计划，以保障和加强遗传资料的收集、保存以及推广；英国设立了珍稀品种救助托管局（Rare Breeds Survival Trust，RBST），致力于禽类与畜类种质资源的调查，稀有资源与濒临物种的鉴定与保护等相关工作；巴西成立了遗传与生物技术研究中心，开展遗传变异、种质资源鉴定、基因组文库保存以及动物胚胎冷冻保存等相关工作；印度采取了一系列种质资源保护措施，开展了全国范围内的种质资源调查与评价，并针对种质资源建立了相关数据库与开放核心群改良体系。此外，国际自然资源保护协会（International Union for Conservation of Nature，IUCN）也积极组织相关机构和团体，开展了生物资源的获取、整理以及保护工作。

在野外观测与网络建设方面，美国、加拿大、日本等发达国家通过对地观测卫星的发射、一系列大型科学工程的建设、区域地学和生物学的野外调查与观测，加强了对科学数据的采集工作。随着资源、环境、生态问题的全球化，使立足于全球性整体观、系统观和时空的多尺度，研究地球系统整体行为，已经逐渐形成共识。全球和国家尺度有关地球环境、资源变化的长期观测、监测与信息网络正在快速形成，包括：全球气候观测系统（Global Climate Observing System，GCOS）、全球陆地观测系统（Global Terrestrial Observing System，GTOS）、全球海洋观测系统（Global Ocean Observing System，GOOS）、地球资源观测系统（Earth Resources Observation System，EROS）、全球环境监测系统（Global Environment Monitoring System，GEMS）和全球数字地震台网（Global Digital Seismic Network，GDSCN）

等一系列全球性巨型观测系统。此外，许多发达国家为维护本国的权益和国际发言权以及推进地球系统科学的发展，建立了相应的地面观测系统和试验研究站网。

科学规范与标准的编制已经成为世界各国在经济与科技竞争中的核心焦点，世界各国都针对安全、健康、卫生、环境保护等不同领域建立了适应本国国情的国家标准与规范体系。尤其是发达国家，其技术标准已经成为贸易仲裁、合格评价以及产品检验等行业内的基本依据甚至"行业标杆"，并且为了能够保障国民的人身健康、安全，与其关系密切的如食品、药品以及消费品等相关标准，都采取了严格的审批和执行程序。随着社会的不断进步和生活水平的不断提高，世界各国针对健康、安全以及环境保护等基础性、公益性的标准规范也会越来越趋于完善，同时标准与规范的数量也会越来越多，其中涉及的指标也会逐年增加，严格程度也会随之提高。

在标准物质的制定方面，随着全球经济一体化和科学技术的快速发展，计量在国家经济中的地位和作用日趋显著，包括标准物质在内的计量技术水平已成为世界各国提高科技创新水平、推动经济发展、促进社会进步、维护国家安全、增强贸易竞争力、加强国际合作交流、提高国家综合国力和实现高新技术产业化的重要技术手段和基础保障。世界各国都非常重视标准物质的研制，例如，1990 年 5 月，法国、美国、英国、德国、中国、日本、苏联等 7 个国家的标准物质研究机构共同建立了国际上唯一一个有证标准物质数据库 COMAR[①]（International Database on Certified Reference Materials），该数据库收录了来自 25 个国家的上万种标准物质，其中日本的标准物质数量居第一位，总计 1456 种，而法国和德国居其后，分别为 1023 种和 924 种，英国、俄罗斯、比利时所提供的标准物质也较多。此外，澳大利亚也是标准物质的研制大国，其建立的国家测量研究院是标准物质的研制与发行机构，主要生产高质量的农药、兽药、生物毒素、代谢化合物，法医鉴定分析用基体或纯品标准物质，其总量已超过 470 种，主要包括农业化学与兽药、合成代谢类固醇、法医医药、元素分析基体等 4 类（王巧云等，2014）。

1.2.2 我国基础性工作现状

我国科技基础性工作最早源于 20 世纪 50 年代，国家先后推出了《1956—1967 年科学技术发展远景规划纲要》《国家中长期科学和技术发展规划纲要（2006—2020 年）》《国家"十五"科技基础性工作专项实施意见》《国家科技基础性工作"十二五"专项规划》等一系列政策，以此来推动科技基础性工作的实施。经过了

---

① www.comar.bam.de/en

第1章 绪 论

半个多世纪，我国的科技基础性工作取得了不断发展，特别是形成了以产业部门为主体的社会公益事业的格局，使一系列常规的科学资料得到逐步的积累，为相关领域的业务工作与研究发展及其信息化都做出了卓有成效的贡献（黄鼎成和郭增艳，2002）。

在科学考察方面，我国经历了大规模自然资源综合考察期（1950～1960年）、区域资源综合科学考察与资源科学研究期（1970～1980年）、资源科学学科体系的形成与发展期（1990年以后）等3个阶段（孙鸿烈等，2010）。时间跨度超过60年，其主要是围绕国民经济建设和科技发展的重大需求，针对地质、水文、气象、土壤、植物、农业、生物、矿产、林业、水利、测绘等多个领域，在很多典型区域都开展了大规模、多学科、综合性的科学考察，如亚热带东部丘陵山区综合考察、新疆资源开发综合考察、黄土高原地区综合科学考察、西南地区资源开发考察、柴达木盆地盐湖资源考察、黑龙江流域综合考察、黄河中游水土保持综合考察、西北地区治沙综合考察、西部地区南水北调综合考察、青藏高原科学考察等。通过上述科学考察，明确了各学科领域内资源的不同情况，积累了大量的数据资料，陆续出版了《中国自然资源丛书》（1995年，由地区卷、部门卷、综合卷等3部分构成）、《中国资源科学百科全书》（2000年）、《资源科学》（2006年）等专著，为后续资源与环境科学的发展奠定了坚实基础。

在种质资源方面，自20世纪50年代初起，我国对种质资源特别是与国民经济发展密切相关的农作物种质资源进行了区域性的专项调查和收集。目前我国已收集农作物种质资源39万份，家养动物品种500多个；建成国家级农作物种质长期库2座，中期库10座，动物基因库2个，保种场50个；国家级微生物菌种保藏中心7个；收藏50万份以上的生物标本馆13个，植物标本馆300多个。建立自然保护区1757个，其中国家级自然保护区188个。近30多年来，我国也开展了畜禽种质资源调查、收集、评价、保护及开发利用等工作，明确了我国现有畜禽资源、建立了资源评价和保护体系，选育了一大批新品种及配套系，编写出版了57卷（册）动物志、91卷（册）植物志等。

在标准规范方面，自2001年国家标准化管理委员会成立以来，我国标准化事业快速发展，标准体系初步形成，应用范围不断扩大，水平持续提升，国际影响力显著增强，全社会标准化意识普遍提高。为加强管理，国家陆续发布了很多标准化相关重要法律法规，规范我国标准化相关工作，同时我国国家标准的发布数量逐年增加，仅2016年发布的国家标准就有2435项，国家标准研制贡献指数（简称国标指数）为5786.9①，起草单位数量高达6009家，2001～2016年国家标准发

---

① 参见 http://bigdata.cssn.net.cn/countryAnalyze

布数量年均增长率为 5.5%，国标指数年均增长率为 8.8%，国家标准起草单位数量年均增长 12.2%，平均每个国家标准起草单位数量从 2001 年的 1.8 逐步增长到 2016 年的 6.5，增长率达 261%。截至目前，我国已颁布总计 34 485 项的国家标准以及相当数量的行业、地方和企业标准，并且覆盖三大产业及社会服务等各个领域，对于促进国民经济与社会发展都具有重要作用。

在标准物质方面，我国将其分为一级与二级两种，划分为十三大类，收录在国家标准物质共享平台[①]。近十多年以来，我国标准物质的数量逐年增加，尤其是二级标准物质，从 2001 年不足 1500 个，到目前已多达 6000 个，而一级标准物质由于研制周期长、质量要求高以及申请难度大等因素，增长略显缓慢，其数量为 1769 个。我国早期的标准物质研制主要集中于环境化学、钢铁、地质矿产、物理特性、化工产品、有色金属、核材料成分、临床化学、建材成分、煤炭石油等领域，而食品、农产品、高新技术等领域内的标准物质则较少。随着生活质量的改善，人们对标准物质提出了更高的要求，而国际上计量基标准也出现了新形势，必须加强和加快在食品安全、大众健康以及能源等领域的研究，否则势必影响国民经济的正常运行与发展。因此，经过广大研究人员的不懈努力，到目前为止，取得了重大进展，同时弥补了标准物质在上述领域内的空白。

诸多基础性工作的开展也收集整理了大量的生物种源、化石和岩矿标本，并建立起了相应的种源库和标本库，编撰了较为齐全的动物志、植物志和孢子植物志，初步形成的标准规范已在各行业中有力地推动了数据共享与相关服务，建设了一批科技图书馆、信息中心和博物馆，在一些领域中已经初步形成了专家决策体系框架。此外，我国近年来实施的相关科技计划也对科技基础性工作进行了一定程度的支持，培养了一支从事科技基础性工作的队伍，建立了部分科技基础工作基地。

1.3 我国科技基础性工作存在的不足

60 多年以来，通过国家的大力推动与各领域内研究人员的不断努力，科技基础性工作取得了较大的进步。但是，其水平较国外发达国家还存在一定差距，由于缺乏相应的共享机制与相关技术标准，出现了许多珍贵数据资料流失的现象，直接阻碍了国家科学发展与科技创新，影响了我国整体科技水平的提高，其具体表现为以下 3 个方面。

（1）没有形成完整、系统的基础性数据资料共享体制与机制

自科技基础性工作开展以来，国家在地球科学、农业、林业、环境、生物等

---

① 参见 http://www.ncrm.org.cn

第1章 绪　论

多个不同领域内设置了大量项目，通过这些项目产生并积累了大量的科技资源（胡光晓，2015；王训练和徐均涛，2002；吴小红，2016；张芳和王思，2003）。然而，由于缺乏系统、完整、有效的共享相关政策、体制与机制，导致这些科技资源，在项目结题之后，零星地分散在各个单位，导致共享困难，使得所花费的大量投入难以实现其应有的价值，广大研究人员也无法便捷地获取与使用，这直接影响了国家科技水平与综合国力的提升。此外，部分单位由于缺乏"数据共享"的观念与意识，在经费不足的情况下，拒绝将数据进行对外共享。因此，必须建立完整、系统、有效的基础性数据资料共享体制与机制，以降低上述现象的发生率。

（2）缺乏基础性工作数据汇交、管理等相关技术标准

科技基础性工作数据汇交是实现数据共享的重要前提与基础。通过制定相应的强制政策与规则，按照统一的技术标准，将分散在不同单位的零散数据资源进行统一汇交，并由指定机构或者单位进行规范化管理，才能实现数据资源的广泛共享与利用，从而为基础研究、公益性研究、产业关键技术研究等提供数据支撑，进而实现国家的科技进步与科技创新。然而，目前几乎没有针对基础性工作数据汇交与管理等方面的相关技术与标准规范。因此，制定数据汇交、管理等相关技术标准与规范，已成为当前科技基础性工作必须要解决的重大问题。

（3）缺乏基础性工作数据资料整编技术标准

科技基础性工作数据资料要实现对外的广泛共享与利用，首先必须充分对已完成汇交的基础性工作数据资料的格式、类型、来源、尺度等不同特征进行分析，其次针对不同类型的数据制定相应的整编技术标准，并对其进行整合集成，构建出国家层面的科技基础性工作数据库，才能实现科技基础性工作数据资源价值的最大化，从而为促进国民经济与社会可持续发展提供数据支撑与辅助决策。然而目前，科技基础性工作缺乏该类技术与标准，因此，制定数据资料整编技术标准是科技基础性工作应该关注的焦点。

1.4　科技基础性工作数据汇交与规范化整编的迫切需求

科技基础性工作数据汇交与规范化整编是通过编制数据汇交与共享服务的管理规范与技术标准，构建基础性数据资料集成服务环境，将基础性工作中已结题项目的数据资料进行有效的集成与规范化处理，建立科技基础性工作国家级数据库，实现基础性数据资料的广泛共享与利用，保障我国基础性工作数据

资料长期、持续的集成与共享服务，大力提升我国基础性工作服务科技创新、国家战略决策和社会经济发展的能力。据不完全统计，我国自1999年启动基础性工作专项到"十一五"时期末，已经在气象、地球科学、生物学、农业、林业、医学、环境、材料等多个领域，设置了500多个项目。通过这些项目，采集产生了一批重要的科学数据、文字资料、图集、典籍、科学规范、标准物质、样本样品等。然而，到目前为止，绝大部分已结题的科技基础性工作数据资料仍然散落在各项目或课题承担单位中，并没有得到有效的集成、整编与挖掘，有些数据资料濒临丢失，影响了科技基础性工作本质目标的实现。仅有1999～2004年一少部分的科技基础性工作项目的部分数据资料以光盘形式集中保存在科学技术部基础司基础性工作办公室，但即便如此这些数据资料也没有得到有效的整编和建库，难以直接对外共享利用。尤为严重的是，由于缺乏国家层面的科技基础性工作数据资料的集成整编环境，"十一五"期间结题或"十二五"期间启动的科技基础性工作项目会面临同样的问题，最终导致科技基础性工作成效的下降，不利于科技基础性工作事业的发展。因此，必须尽快开展科技基础性工作数据资料的集成与规范化整编，而且宜早不宜晚，否则势必造成无法弥补的损失或需要花更大的投入才有可能补救。

1）分类集成和规范化整编我国已经立项的科技基础性工作项目数据资料，建立国家级基础性工作数据库，避免已结题的基础性工作项目数据资料的流失。

2）开展跨项目、跨领域项目数据的融合加工，形成地球物理、地质、资源环境、农业、林业、人口健康等重点领域的专题数据集和综合产品，提升科技基础性工作项目数据的价值。

3）研究制定科技基础性工作项目数据汇交管理、集成共享的管理规范与技术标准，构建科技基础性工作数据资料集成服务平台，保障我国科技基础性工作数据资料长期、持续的集成与共享服务。

4）形成科技基础性工作项目数据资料编目，基于科技基础性工作数据资料集成服务平台发布规范化整编好的数据，促进已有科技基础性工作项目数据资料的广泛共享和有效利用。

5）通过数据汇交与规范化整编相关工作，带动和提高科技基础性工作各项目数据库建设、数据资料规范化整编、管理的能力，摸清我国基础性工作数据资料的家底，为基础性工作规划的实施和项目布局决策等提供辅助支持，推动基础性工作事业的持续发展。

第2章 科技基础性工作数据资料

数据资料是科学研究得以持续发展和不断创新的重要基石，而科技基础性工作作为产生数据资料的一项科技活动，是科学研究发展的重要载体与推动力量。本章将围绕科技基础性工作涉及的科学数据、图集、志书、典籍、实体资源、标准规范、论文专著、研究报告等不同数据类型，从概念模型、特征以及数据资料现状等多个方面，对科技基础性工作数据资料进行全面剖析，从而加强和提高对科技基础性工作数据资料的全面理解与认知。

2.1 科技基础性工作数据资料概念模型

科学研究是对未知现象或未解决的问题进行调查、探索、考证，并针对性地进行推断、综合、分析，从而获取客观事实，增进知识的创造性工作。科学研究总体上按5个步骤开展：①研究方向的选取与科学问题的提出；②国内外相关研究的调研与分析；③研究方法的确定；④资料收集与模型工具准备；⑤结果验证与分析评价。结果的正确性与研究方法的有效性需要以数据资源作为驱动，验证算法的精度是否能合理地被提高、是否具有良好的可行性等。因此，数据资源对于推动科学研究的发展过程具有重要的意义。尤其随着大数据时代的来临以及数据密集型科学的快速发展，更加需要将大量数据资源用于辅助决策，进而更好地完成众多复杂程度高、程序烦琐以及高标准、高要求的分析工作。

科技基础性工作作为国家科技计划的一部分，是获取数据资料的重要来源，同时也是支撑科学研究工作，使其得以加速研究进程、缩短研究周期、提高科研经费使用效益的必不可少的一项重要保障。科技基础性工作一直是国家关注的焦点，20世纪90年代以来，更是加大了对科技基础性工作的投入和扶持力度。到目前为止，效果显著，产出并保存了一系列以基础研究、公益性研究以及产业关键技术研究为核心的涉及多个学科领域，覆盖多种类型的数据资源，包括：科学数据、图集、志书、典籍、实体资源、标准规范、论文专著以及研究报告等八大类。科技基础性工作数据资料的概念模型如图2-1所示。

| 科技基础性工作数据汇交与整编模式、标准 |

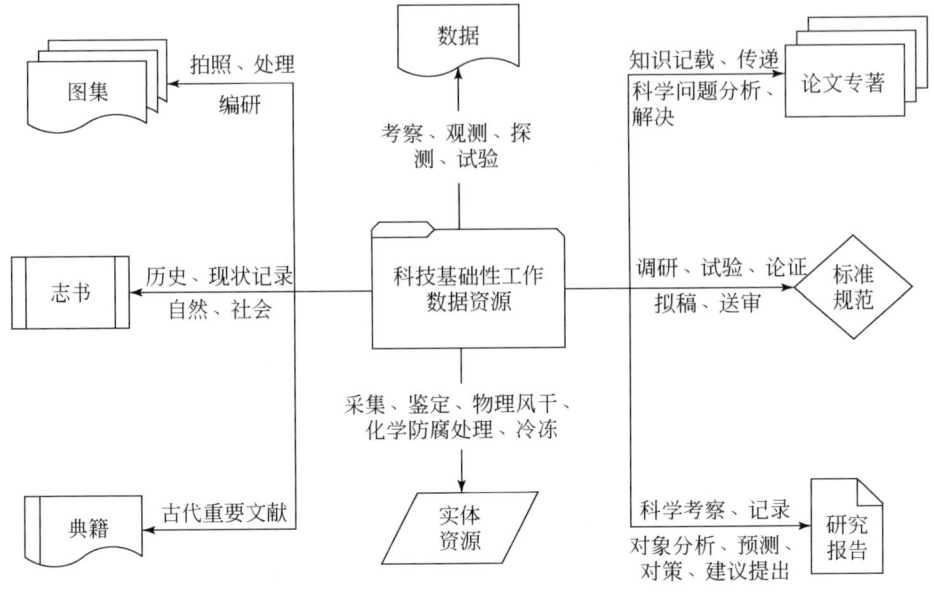

图 2-1 科技基础性工作数据资料概念模型

1）科学数据是指在各类科技活动中通过考察、观测、探测、监测、调查以及试验等方式获取到的各类原始性、基础性数据，以及根据不同项目需求与研究需要进行系统加工所形成的数据产品及其相关信息。根据数据资源的类型格式，科学数据可以划分成空间数据与非空间数据两大类（图 2-2），其中非空间数据指各个学科领域内的实测数据、实验数据、试验数据、理论推测与估算数据、统计数据等与具体数字相关的记录，也称之为属性数据；空间数据通常是通过基础测绘、地理信息制作、对地观测获取形成的具有明显空间特征的图层数据，包括矢量数据和栅格数据。

2）图集是按照一定准则或者规范所编制的图形或图像的集合，科技基础性工作常见的图集有地图图集、标本图集等。地图图集以地图内容为划分依据，可分为普通地图集和专题地图集两类（图 2-3）。普通地图集是综合表达某一制图区域内自然、人文、社会经济等要素的总体特征的地形图或普通地理图所构成的集合，覆盖要素全面、内容综合，通常作为基础框架图件或专题图中的序图出现；而专题地图集则是针对某一个或多个主题要素所建立起来反应区域自然或社会经济的重要细节特征，并能够满足某一特定用途需求的一系列地图的集合，具有主题化、多元化、个性化等特点，主要包括自然地图集（地质、地貌、土壤、植被、水文、气候）、社会经济图集（经济、行政区划、人口、历史）、交通旅游图（铁路、公路、航运、水运、城市、旅游等）以及工程技术图集（军事、航海、工程）等四

| 第 2 章 | 科技基础性工作数据资料

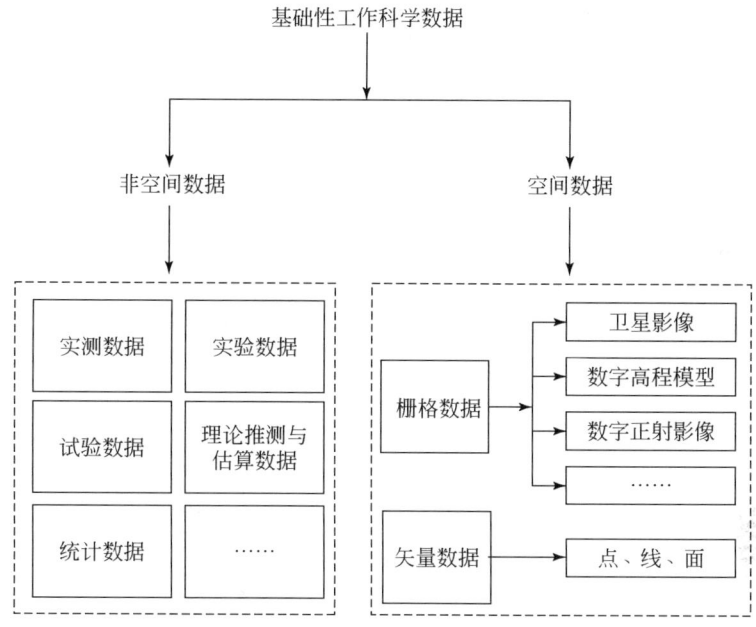

图 2-2　基础性工作科学数据划分

大类。标本图集是记录动物、植物以及岩石与矿物标本等的原始形态、演变过程、分布状况等信息，为鉴定、考证以及研究等提供重要参考的图像文件集合。

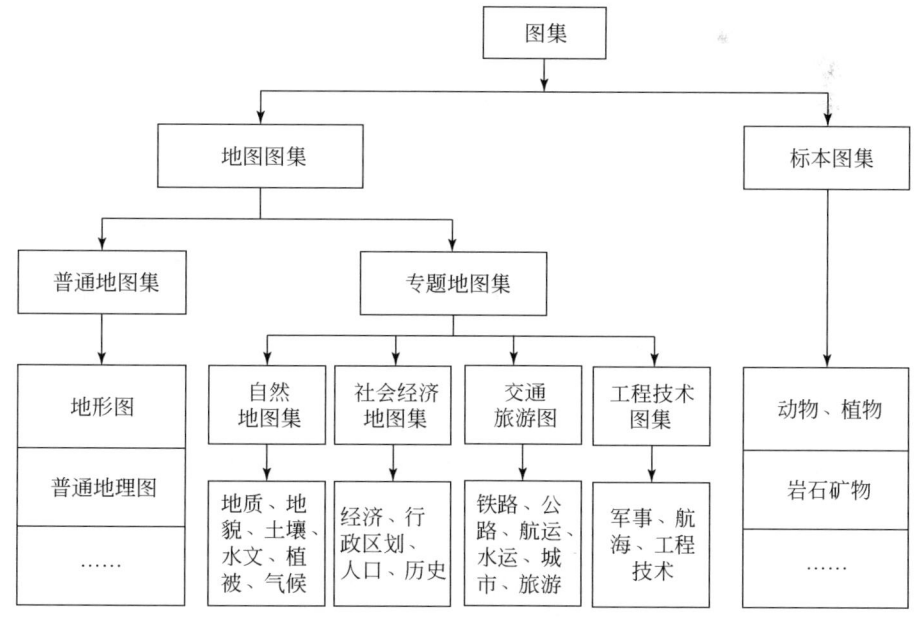

图 2-3　地图图集分类

3）志书是全面、系统、准确、详实地记录该地区自然和社会方面有关历史与现状的著作，主要包括以记录朝代和历史阶段为主的志书，如唐志、宋志、民国志、秦汉时期志、明清时期志等；也有综合描述全国政治、经济、文化、自然条件、教育、宗教、习俗、方言、军事等情况的总志与一统志以及针对山水禅林、寺庙、书院、风土、人物、游览胜迹等单一主题内容进行编撰的专志，如江河志、山川志、矿藏志、气象志、植物志、动物志、微生物志等。还有以描述区域详细概况的如省志、州志、县志等地方性方志。此外，也可以从出版形式对志书进行区分，如印刷本（石印、铅印、胶印）志书、手抄本志书以及原稿志书，具体如图 2-4 所示。

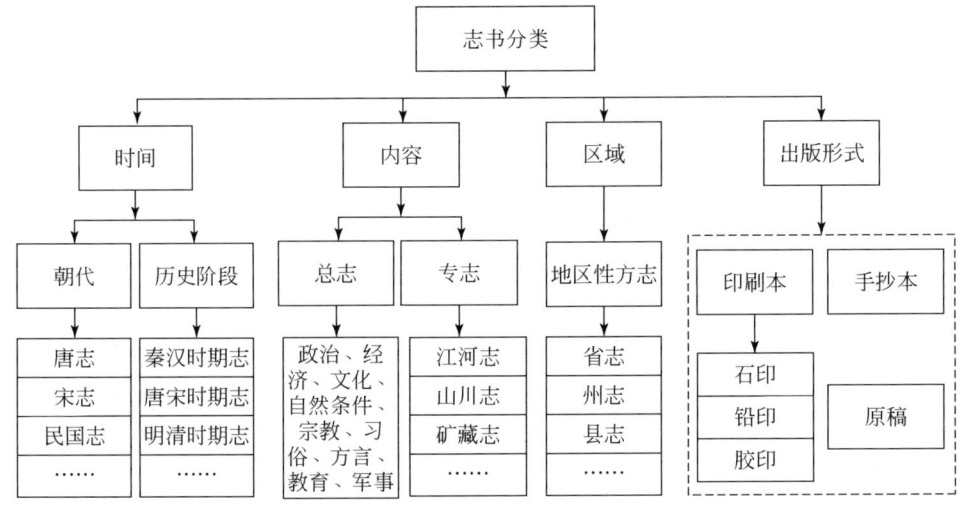

图 2-4　志书分类

4）典籍是对我国古代重要文献资料或书籍的总称，涉及的范围较广，不同领域内各有其代表性的典籍（如医学、地理学代表性典籍）（图 2-5）。科技基础性工作数据资源中涉及的典籍通常是对历史遗留下来具有较高理论与实用价值的古代文献的重新翻译与整理，主要聚焦于医学、地理学等领域，例如中国近海重要药用生物和药用矿物资源调查项目的《中华海洋本草》，是一部结合了秦、汉、两晋、南北朝、唐、宋、明、清等多个时期的本草文献资料所形成的大型基础性海洋药物典籍，其主要记载的各物种的化学成分和药理毒理作用等研究资料，可以帮助用户了解海洋本草的来源、药性理论、炮制等方面的研究与应用，也可对开展海洋药用物种的形态与生态特征、分布、药材鉴别等现代海洋药用生物资源的相关研究起到积极的引导作用；历史大旱复原项目的《清代旱灾档案史料》则是采集自现存超过 200 余年的上万份有关干旱与旱灾的清代奏折资料，其具有完整的时间序列，能够对我国干旱与旱灾的预测、分析、决策及其相关研究等提供重要的

第 2 章　科技基础性工作数据资料

参考依据。

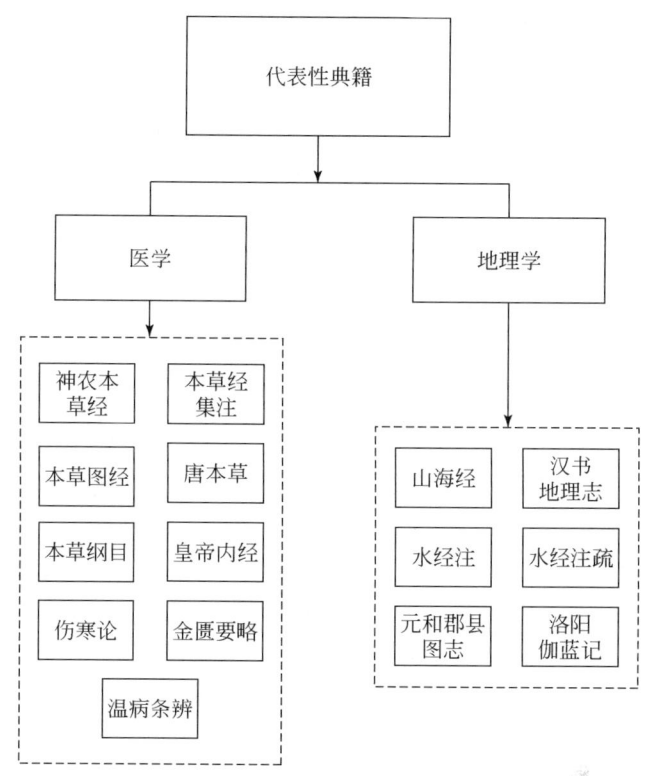

图 2-5　代表性典籍体系

5）实体资源是经过各种加工操作如物理风干、化学防腐处理、冷冻等，使得能长期保持原始形态的动物、植物、矿物等的实体样本。科技基础性工作中实体资源可分为：种质资源（植物种质资源、动物种质资源、微生物菌种资源、人类遗传资源）、生物标本资源、岩矿化石资源、实验材料资源以及标准物质（图 2-6）。种质资源指生物亲代传递给子代的遗传物质，是动、植物养殖生产和遗传改良的物质基础，也是生物学研究中的重要材料；标准物质是一种已经确定了具有一个或多个足够均匀的特性值的物质或材料，是用于测量仪器校准、测量分析方法评价以及材料特性值确定的"量具"（于亚东和刘媛，2010），具有均匀性、稳定性、溯源性等特点（荆新艳等，2017）。标准物质主要包含化学成分标准物质（冶金、环境分析、化工等）、物理或物理化学标准物质（光学、磁学、电导等）以及工程特性标准物质（粒度、橡胶耐磨性、表面粗糙度等）3 类。科技基础性工作中涉及实体资源的项目结题完成后所提交的是实体资源的基本描述信息，这些信息通过每类实体资源对应的描述规范进行约束，而实物通常由项目承担单位或科学技术部指定的单位按规定保存。

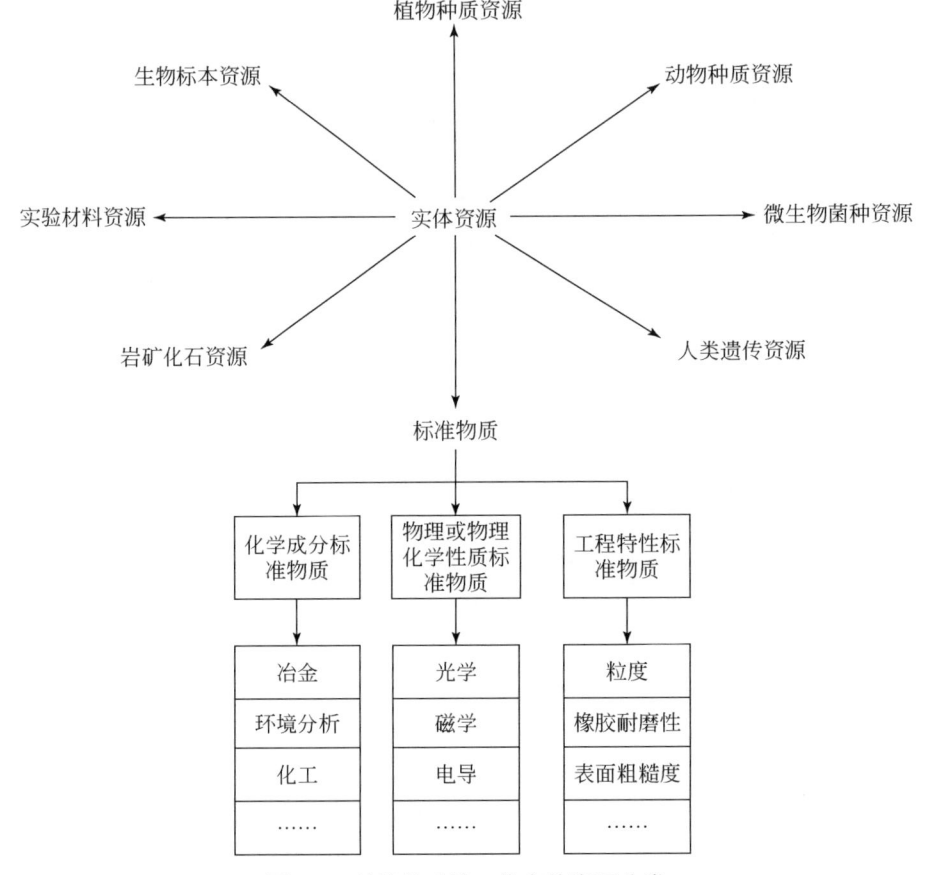

图 2-6　科技基础性工作实体资源分类

6）标准规范是对保障人身健康和生命财产安全、国家安全、生态环境安全以及满足经济社会管理基本需求的产品、方法、服务等的统一技术要求与规定，主要包括国家标准、行业标准、地方标准、企业标准等 4 个级别以及技术标准、管理标准、工作标准三大类（图 2-7）。技术标准是针对领域内具有普遍性且多次重复出现的技术问题所提出的解决方案，通常涵盖通用技术、产品、方法以及安全卫生与环境保护等内容；管理标准是为满足领域、行业或企业内部的多种需求对相关管理事项进行规范化的规则与条例；工作标准是针对工作责任、权利、范围、程序、检查方法、考核办法所制定的准则。此外，标准规范还可以依据其是否具有法律属性，将其分为强制性标准和推荐性标准。强制性标准是国家通过法律的

第 2 章　科技基础性工作数据资料

形式明确规定某些技术内容、要求必须执行，不允许以任何理由或方式违反、变更。推荐性标准又称为非强制性标准或自愿性标准，是指生产、交换、使用等方面，通过经济手段或市场调节而自愿采用的一类标准。

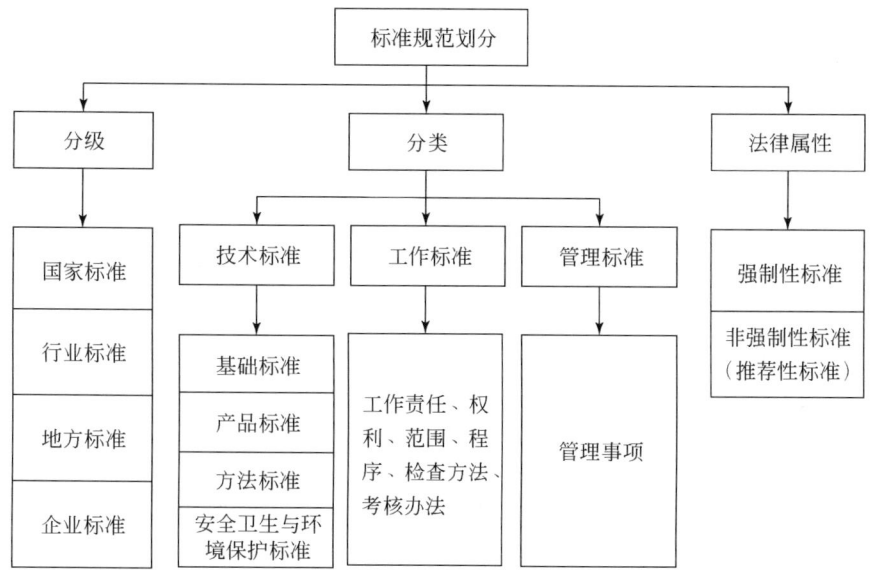

图 2-7　标准规范划分

7）论文专著通常也称之为科学著作，即对某一学科领域内的研究成果或解决方案进行全面系统论述的著作，与传统文学作品有较大的区别，具有内容上的科学性、结构上的严谨性以及语言上的通俗性等特点。科学著作以专著、年鉴、期刊论文、会议论文、专利文献等形式（图 2-8）正式出版发表。在网络时代下，还可以通过网络百科、文献库等进行快速传播，从而达到记载和传递知识的目的。

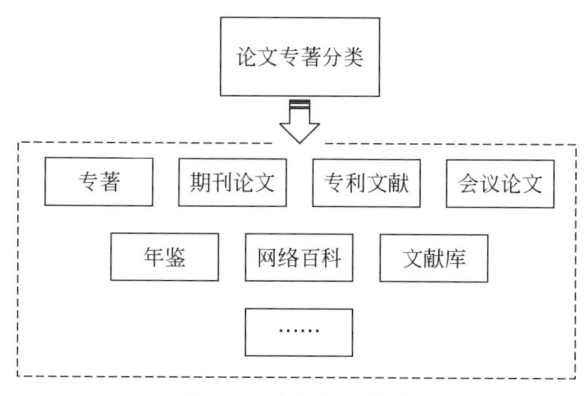

图 2-8　论文专著分类

8）研究报告通常是针对某一重要的科学研究或工作需求，对与其相关的各项要素如数量、类型、特征、分布状况等进行详细的调查、研究、对比、分析，并以其涉及的问题为基点，提出有效的解决方案或具有建设性的意见或建议，从而为决策、管理等提供服务的一种报告类型。研究报告通常没有正式出版发表，主要在参与考察项目的人员内部及主管或资助部门内共享。科技基础性工作中主要涉及的研究报告有考察报告和分析报告两类。考察报告是指研究人员为了解某地区的基本情况，或者为了获取某项科研任务的科学数据或证据，根据一定的科学标准，进行考察活动，并在此基础上，所编制的学术性报告，如中国北方及其毗邻地区社会经济科学考察报告、2009～2013年生物多样性与重要生物类群变化考察报告；分析报告通常不涉及具体的实证与实验过程，是将特定问题的理论认识与分析作为主要研究内容，侧重于对对象本质及规律的把握，同时对研究者的逻辑分析和思维能力具有较高要求的一类报告，如1963～2008年重点国家纳米技术领域分析报告。研究报告的编写还需满足以事实为依据、内容逻辑合理、引用规范等多项原则，如果有条件应该尽早进行出版发表，以便更好地传播共享。

2.2 科技基础性工作数据资料特征分析

科技基础性工作通常是以支撑基础研究作为侧重点，开展数据资料采集获取、保藏管理与集成整编等工作，而基础研究作为一种认识自然现象、规律以及获取新知识、原理与方法的学术活动，其过程纷繁复杂，同时也覆盖多个学科，不同学科内工作内容也存在一定差异，因此，其产生或需要的数据资料也千差万别。科技基础性工作数据资料特征具有明显的跨领域、数据类型复杂、分散、异构、多尺度以及不确定等特点。

（1）跨领域性

科技基础性工作数据资源通常具有跨学科领域的特性，即存在同一个基础性项目所产生的科技资源既覆盖本学科领域，同时又涉及其他学科领域，例如："中国北方及其毗邻地区综合科学考察"项目（2007FY110300）产生了土地覆被与利用、气候、人口、社会经济等囊括多个领域的科技资源。本书依托的"科技基础性工作数据资料集成与规范化整编"项目（2013FY110900），需要对已有的科技基础性工作各项目的数据资料进行集成与规范化整编，涉及人口健康、地球物理、地质、林学、农学以及资源与环境等领域（图2-9）。其中人口健康包括心理学、中医学、临床医学、民族医学等；地球物理包括固体地球物理、空间物理、海洋物理、地磁学等；地质包括岩石学、矿物学、古生物与地层学、地磁学等；林学包含植物保护学、植物学、森林保护学、林业工程等；农学包括土壤学、

第 2 章 科技基础性工作数据资料

食品科学、农艺学、兽医学等；资源环境包括地理学、生态学、大气科学、水文学等。

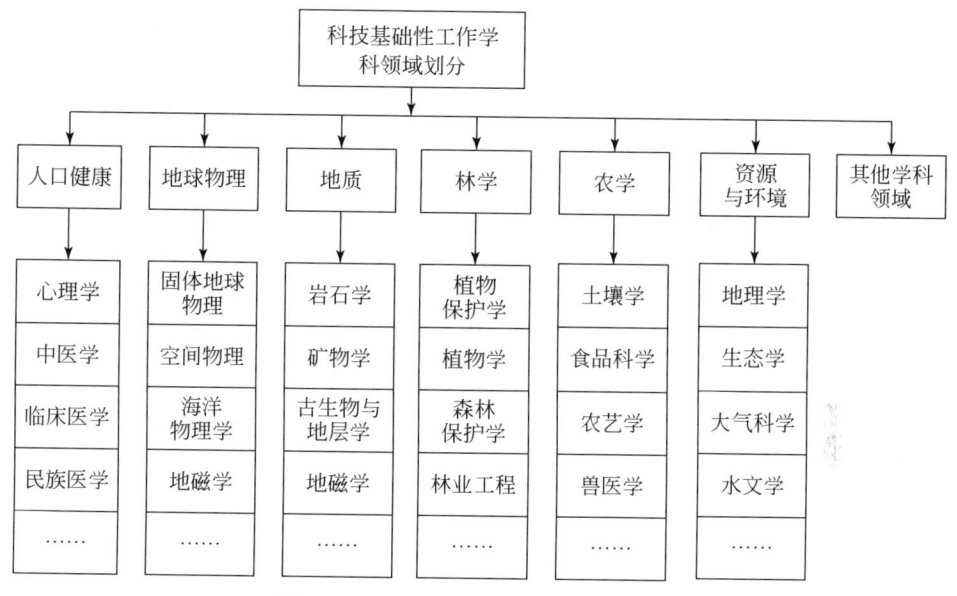

图 2-9 科技基础性工作学科领域划分

（2）数据类型复杂

科技基础性工作数据资源的类型较为复杂，通常涉及文档、图片、表格、矢量文件以及数据库等多种类型，而且同一种数据类型往往又以多种不同的数据格式存在（图 2-10），如文档的数据格式有 doc、docx、pdf、txt 等，图片的数据格式包含 jpg、tiff、geotiff、png 等，表格包含 xls、xlsx 等；矢量数据格式有 shp、shpfile、coverage 等；数据库格式包含 MDB（Access 数据库）、LDB（Microsoft SQL SERVER 数据库）、gdb（ESRI 地理数据库）等。

（3）分散性

科技基础性工作数据资源是以专项项目的形式进行组织，没有以数据资源要素为基点从系统性、全面性以及有针对性的角度考虑对项目实施有效管理与控制，并且由于此前上级管理部门也没有针对数据资源推出相应的强制性数据汇交与管理政策，导致在项目结题之后，项目实施过程中所产的数据资源通常保留在各个课题与项目承担单位内部，从而在一定程度上阻碍了数据资源的广泛共享与利用，也没有发挥其自身应有的价值。因此，科技基础性工作数据资源不仅具有地域分散性，而且具有内容分散性。地域分散性是指数据资源保存在各项目承担单位或科学家手中，分布在全国各地，存在存储位置和知识产权归属的分散

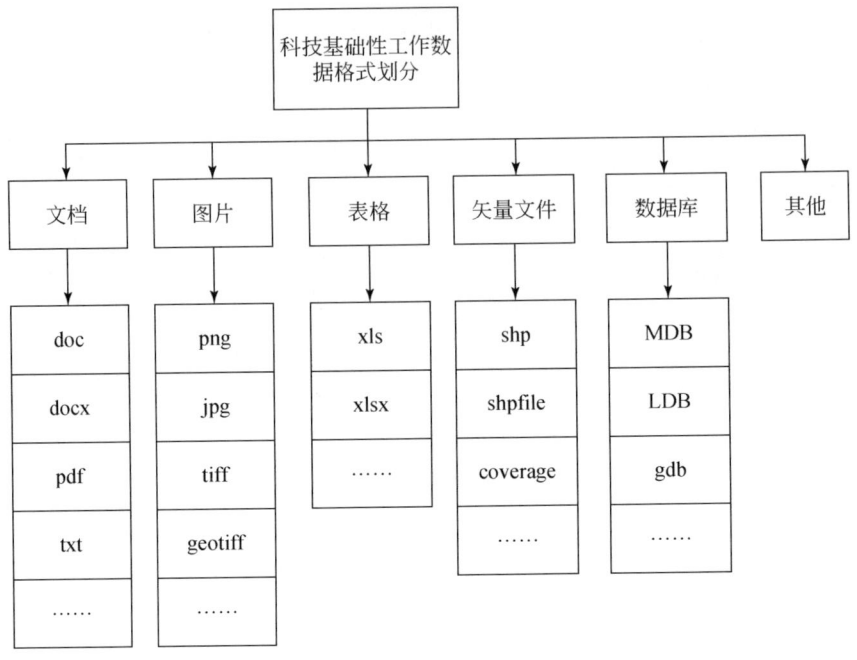

图 2-10 科技基础性工作数据格式分类

性。内容分散性是指不同项目可能存在覆盖同一个专题要素的科技资源,例如,"中国北方及其毗邻地区综合科学考察"项目(2007FY110300)、"阿克苏河上游吉尔吉斯斯坦基础数据综合调查"项目(2012FY112800)、"新疆天山野果林多样性与资源现状调查"项目(2012FY111500)、"格网化资源环境综合科学调查规范"项目(2011FY110400)以及"中国近2000年古气候代用资源整编"项目(2011FY120300)等都包含有与降水量相关的各类数据,即相同要素的数据资源分散在多个项目中。

(4) 异构性

科技基础性工作专项数据资源的异构性通常包含数据资源自身异构和语义异构两类(图 2-11),其中数据资源自身异构指其在单位、测量方法、精度、格式等方面的差异,例如在数据资源单位异构方面,体现为同一指标或物理量所采用的单位不相同;在测量方法的异构方面,则体现为针对同一指标的测量,所采用的方法不同,导致其数据精度的不一致;在数据格式的异构上,表现为属于同一数据要素的资源其格式不同。语义异构则是指数据资源的相关描述在语义层次上的差异,例如采用了不同分类体系的土地覆被数据。异构问题的存在往往会大大增加数据资源集成与整编工作的难度。

| 第 2 章 | 科技基础性工作数据资料

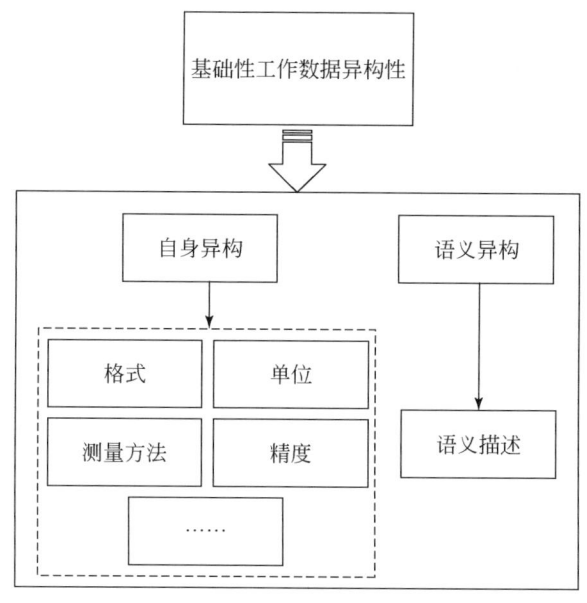

图 2-11 科技基础性数据异构性分类

（5）多尺度性

尺度一般是指可以观察和表征的实体、模式以及过程的空间维度（Marceau，1999），直接反映在用于观测、模拟以及分析各类现象或过程的空间精细度、时间频度及其时间、空间范围。科技基础性工作专项数据资源的多尺度性则是该数据资源在不同时间与空间范围内的相对差异，主要包括时间多尺度性和空间多尺度性两类。时间多尺度指科技资源表达的时间周期或产生科技资源所需要的时间周期大小，空间多尺度是科技资源表达的空间精细度（比例尺、分辨率）及其范围大小。对于同一要素对象，不同尺度下所表达的信息量不同，通常表现在几何形状、结构、属性特征以及细节的丰富程度等方面。此外，为了满足很多科学研究的特定需求，通常需要对数据资源进行尺度转换，尺度改变前后不仅会发生信息量的变化，而且还会影响数据资料本身的时空精度。

（6）不确定性

科技基础性工作数据资源的不确定性是指数据资源所表征的空间特征、过程或数据资源的真实值不能被准确确定的程度（周迪民和林依勤，2010；承继成和金江军，2007；邬伦等，2006），其大小所反映的是数据资源与其所要表达的实体之间的差异或离散程度。数据资源的不确定性始终贯穿于数据资源的采集、加工处理、转换、压缩等全生命周期的各个阶段，各阶段内涉及的观测或检测方法、测量仪器误差、采集环境、人为操作等都是造成数据资源不确定性的重要因素。

因此,数据资源的不确定性主要包含数据资源所表达的位置、属性、边界、逻辑等方面的不确定性或不一致性以及数据的不完整性等相关内容(图 2-12)。逻辑不一致性通常指数据结构、格式以及属性编码等方面的不一致性,尤其是拓扑关系上的不一致性。数据资源的不完整性通常是指某一数据资源所表达出的实体不完整,即无法全面刻画某一实体的全貌或无法完全揭示出该实体的各项核心特征。

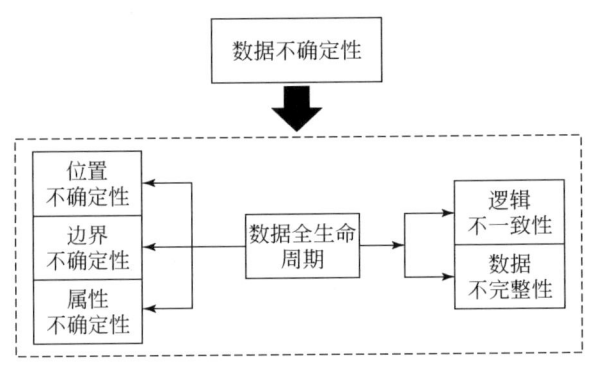

图 2-12 数据不确定性的内容

2.3 科技基础性工作数据资料现状

科技基础性工作经过多年的努力,已积累了大量的数据资料。根据科技基础性工作专项重点项目"科技基础性工作数据资料集成与规范化整编"(2013FY100900)已接收和汇交的项目数据资料分析(孙凯等,2017),已汇交的基础性工作专项数据集 1361 个,数据总量超过 2 TB,时间跨度将近 20 年,空间上覆盖国内大部分省(自治区、直辖市)、市、县以及俄罗斯、蒙古国、吉尔吉斯斯坦等国家或区域,要素上包括土地覆被/利用、气候、冰川、湖泊、冻土、典型剖面、矿物、自然保护区空间分布、物种调查、植物病虫害、生理常数、疾病谱等多种(图 2-13)。上述数据资料从类型上包括:科学数据 556 条、标本资源(计量基标准)346 条、标准规范 85 条、论文专著 46 篇(部)、研究报告 187 部、图集 52 部、志书 43 部、典籍 5 部、文献资料 26 条、其他数据 15 条(图 2-14)。不同学科领域内的数据资源其量也有所差异,其中资源环境领域、人口健康领域以及农学领域所覆盖的数据资源较多,分别占 48.3%、28.4%、14.7%,其他领域所涉及的数据资源则相对较少,如地球物理占 2.5%,地质领域占 3.5%,林学领域占 2.6%(图 2-15)。

第 2 章 科技基础性工作数据资料

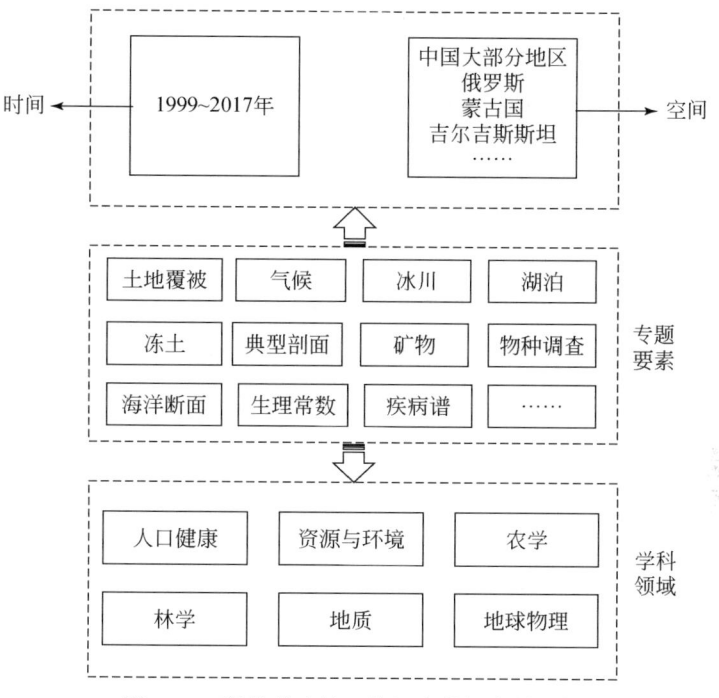

图 2-13 科技基础性工作汇交数据资料分析

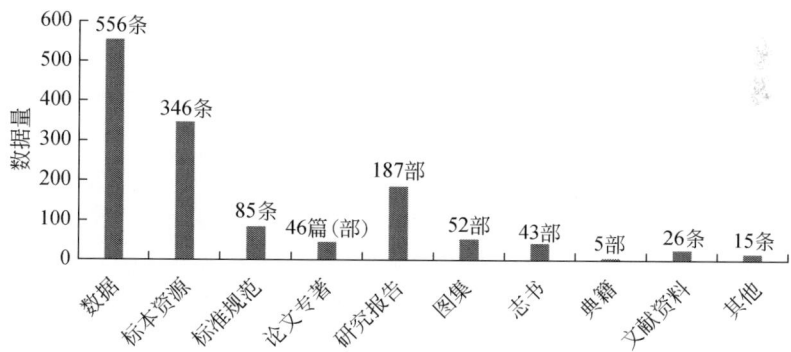

图 2-14 数据资料类型分类统计

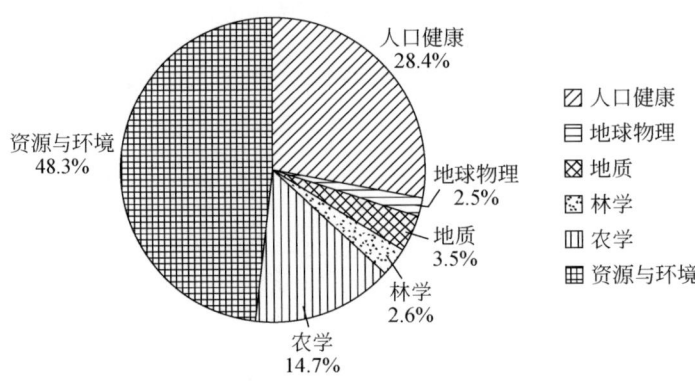

图 2-15 数据资料领域分类统计

第 3 章 科技基础性工作数据汇交模式与流程

科技基础性工作数据汇交与规范化整编需要在统一的标准规范指导下，对科技基础性工作专项所产生的分散在不同单位或机构的数据资源进行收集汇交，然后根据不同类型数据资源的特点，按照数据资源要素，进行跨项目、跨学科数据资源的清洗转换、整合集成和有效关联，实现基础性工作数据资源的系统化、规范化和标准化，并最终构建形成科技基础性工作国家数据库，充分发挥基础性工作数据资源应有的价值。

3.1 科技基础性工作数据汇交整编总体流程

科技基础性工作数据汇交与规范化整编总体流程分为数据汇交、数据整编、集成共享等 3 个阶段，如图 3-1 所示。

1）数据汇交。根据基础性工作数据资料汇交管理办法和标准规范，按照"地球物理""地质""资源环境""农林科学"和"人口健康"等领域，对"已结题项目""即将结题项目""中期进展项目"和"新启动项目"开展数据资料的分类汇交，实现分散数据资料的有效聚集，建立各领域科技基础性工作原始资料库。

2）规范化整编。根据基础性工作整编、质量控制等相关技术规范，对各领域科技基础性工作原始资料库进行数据检查、分类整理和标准化处理等工作，完成原始资料的跨领域、跨项目、分要素的规范化整编，建立科技基础性工作"地球物理""地质""资源环境""农林科学""人口健康"等领域专题数据库。

3）集成共享。基于上述工作，将分类整理与标准化处理之后的科学数据、图集、志书、典籍、实体资源、标准规范论文专著以及研究报告等数据资料，通过国家科技基础条件平台或国家科学数据中心，按照不同的类别和权限，进行有序安全的共享。

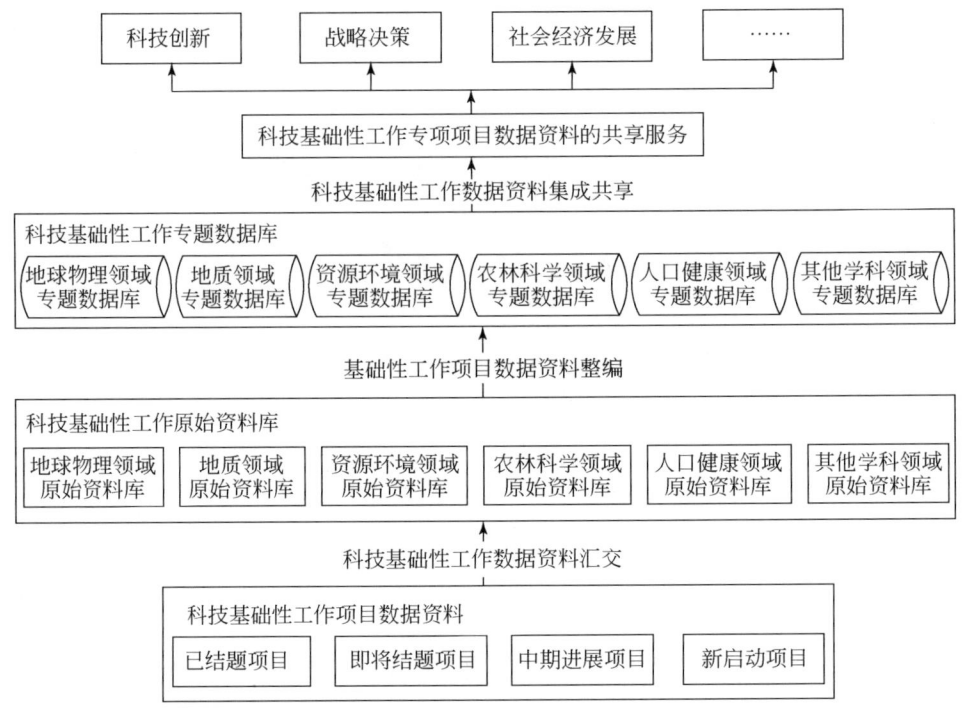

图 3-1 科技基础性工作数据资料汇交与规范化整编总体流程

3.2 科技基础性工作数据汇交内容

科技基础性工作专项项目数据资料汇交需要解决两大核心问题:"交什么"和"怎么交"。其中"交什么"是完成整个科技基础性工作专项项目数据资料汇交工作的前提和基础。为了顺利实现科学数据管理机构与项目承担单位之间数据汇交工作的对接,并考虑后期共享服务时,让汇交、整编、集成后的实体数据资源能够方便地被查询以及有效地被使用,数据汇交内容应包含数据汇交方案(详细内容参见本书 4.1 节)、数据资源实体以及辅助数据与工具软件等三大部分,具体如图 3-2 所示。

(1) 数据汇交方案

数据汇交方案是项目承担单位开展数据汇交的前提和基础,以及与汇交管理部门进行数据汇交对接的依据文件,主要是根据项目任务书以及实际执行情况制定,如项目执行过程中通过科学考察、调查、观测与探测等产生的数据资料,整理历史资料所形成的数据、典籍、志书、图集,编制的科学规范、标本资源和标准物质等的实际情况,以及项目参加单位承担任务的实际情况,进行数据汇交的具体撰写。数据汇交方案可用于指导元数据编制、数据实体汇交及其数据汇交的

第 3 章 科技基础性工作数据汇交模式与流程

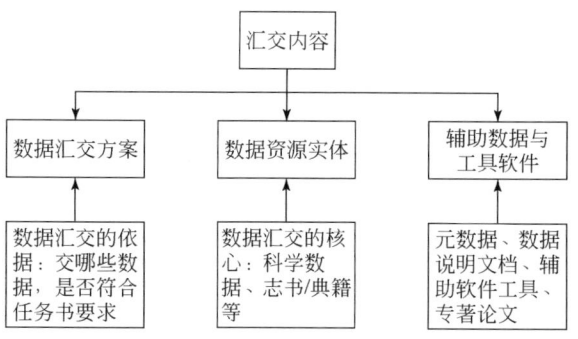

图 3-2 科技基础性工作数据汇交内容

审核与验收等工作。

（2）数据资源实体

数据资源实体是基础性工作专项的核心成果产出，也是完成数据汇交工作的本质对象内容。数据资源实体的汇交需在前述汇交方案的指导下进行，在汇交的同时，要同步汇交其相关的元数据、数据文档及其必要的辅助工具（参见本书 3.3 节）。数据资源实体主要包括科技基础性工作专项项目在执行过程中涉及的各个环节如科学考察、调查、观测、探测以及整理历史资料所形成的科学数据、典籍、志书、图集，编制的科学规范、研究报告、标本资源以及标准物质等相关的实体数据资料。图 3-3 为科技基础性工作汇交的数据实体示例。

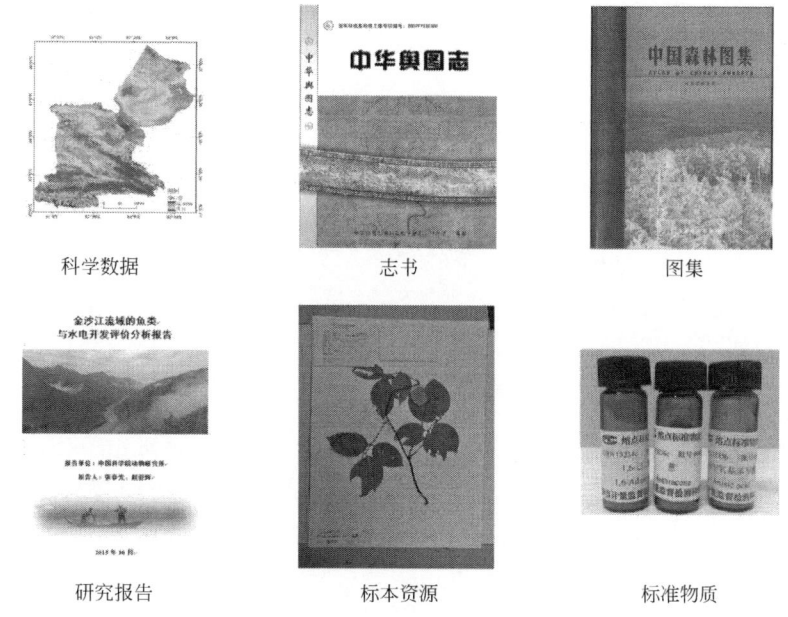

图 3-3 数据资源实体示例

（3）辅助数据与工具软件

辅助数据与工具软件是作为正确使用数据资源的一种辅助，主要包含元数据、数据说明文档、辅助的软件工具及论文专著等 4 个部分。元数据是对数据资源基本信息的描述，主要用于数据资源的发布、发现（分类导航、查询）、定位访问等，数据说明文档是对数据内容、生产方式、质量控制以及使用要求等相关内容的阐述，其主要用途是指导数据使用、规范数据申明、引用方式以及保护知识产权等。辅助软件工具是指项目承担单位为方便数据使用者打开、浏览、应用数据资源而自主研发的软件工具。论文专著是指与数据生产、加工处理以及综合分析等相关的论文与专著，用于辅助和指导用户更好地使用数据资源。

3.3 科技基础性工作数据汇交流程

科技基础性工作数据汇交总体上分为数据汇交方案及元数据编制汇交、数据实体汇交以及数据资料汇交验收等 3 个阶段，具体如图 3-4 所示。

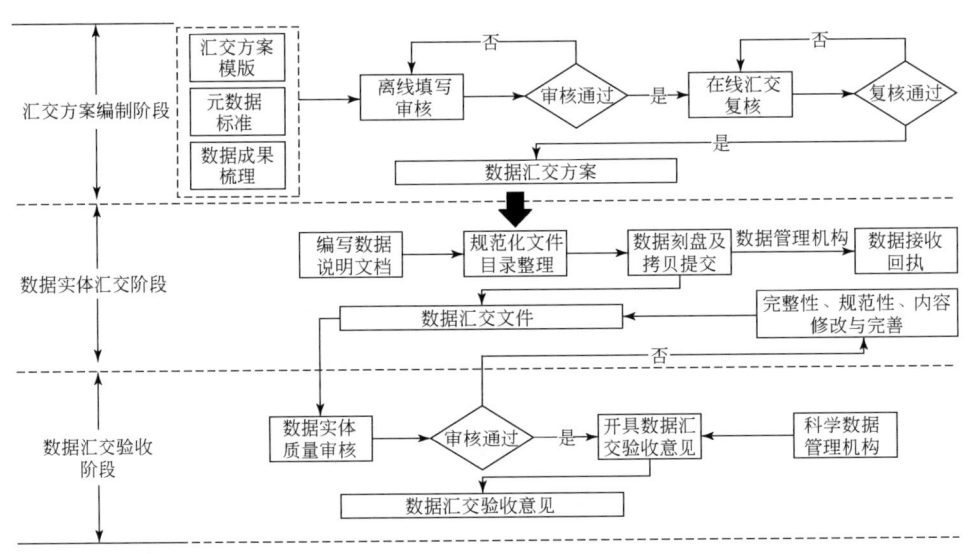

图 3-4 科技基础性工作数据资料汇交流程

1）数据汇交方案及元数据编制汇交阶段。该阶段由项目承担单位按照项目任务书中规定的考核指标和相关要求进行成果的梳理，并基于已制定的模板（详见本书 4.1 与 4.2 节），进行数据汇交方案和元数据的编制，元数据的编制还可以利用数据汇交管理机构研发的离线数据填报客户端工具，进行逐条填写以及自动的规则校正。数据汇交方案、元数据编制完成之后，先报送至科学数据管理机构，

第 3 章　科技基础性工作数据汇交模式与流程

由科学数据管理机构对数据汇交方案、元数据等进行离线的预审核，若审核通过，则由项目承担单位将汇交方案和元数据信息在线汇交到国家科技计划项目申报中心[①]（图 3-5），由科学数据管理机构对汇交方案和元数据进行正式审核，如果审核通过，则将审核结果报告科技主管部门审批，审批通过后，则数据汇交方案（元数据）编制阶段结束，否则项目承担单位应依据审核意见进行修改与完善，直至审核通过。数据汇交方案审核通过后，基础性工作专项数据汇交系统将自动按照汇交数据资源目录组织方式，生成数据实体汇交包，并以每个独立的数据集为核心，自动将编制好的数据汇交方案和元数据放置到对应的位置。

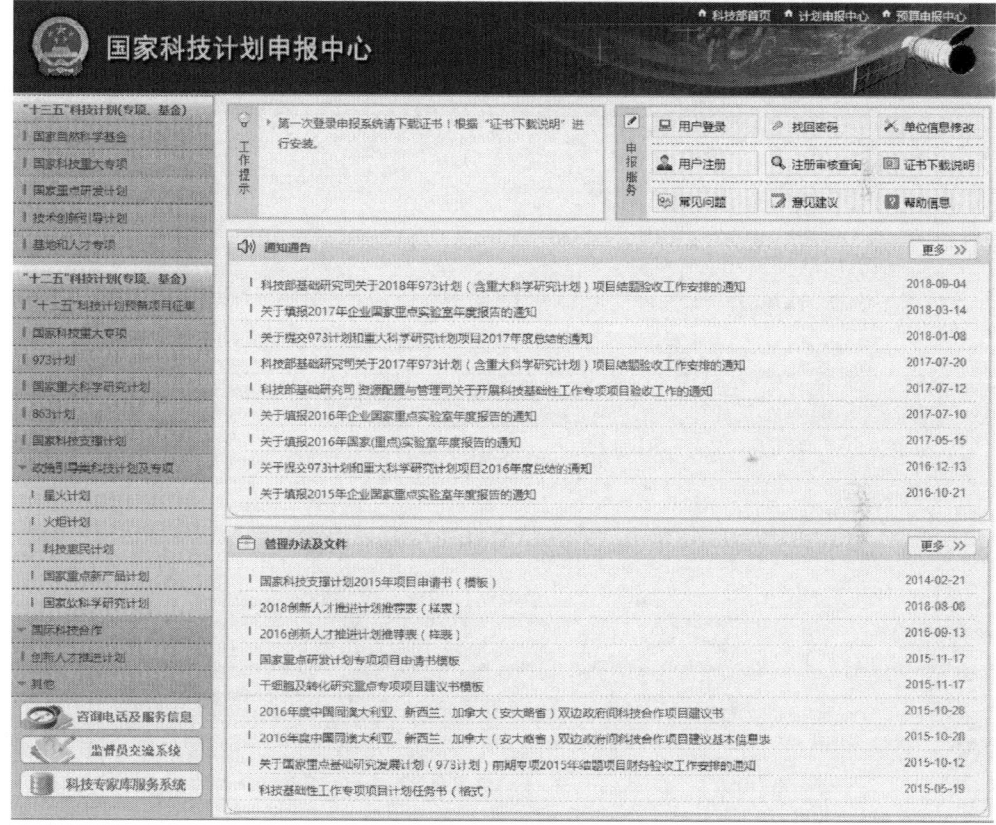

图 3-5　国家科技计划申报中心网站示意

---

① http://program.most.gov.cn

2）实体数据汇交阶段。该阶段首先需要根据审核通过的元数据表与已梳理的数据成果进行数据说明文档（具体要求见本书 4.4 节）的编写，然后根据科技基础性工作数据实体规范化文件目录（详见本书 4.5 节），对数据资源实体进行系统化、标准化、规范化的整理，将整理好的数据实体文件或加工生产的专题数据库，放置到"汇交文件包"目录对应的位置。最后项目承担单位将完整的数据汇交文件包（元数据、数据文档、实体数据）进行光盘刻录或拷贝至移动硬盘中，提交至科学数据管理机构，科学数据管理机构与项目人员当面清点提交的数据，并出具数据接收回执（图 3-6）。

科技基础性工作专项项目数据汇交接收回执

回执编号：

汇交项目编号：_____

汇交项目名称：_____

接收方式：□网络上报 □光盘/硬盘 □其他_____

接收材料目录：

　　元数据记录数：_____（条）

　　数据实体数据量：_____（兆）

　　数据文档：_____（份）

　　其他相关资料：

接收时间：_____

本凭证一式三份，一份数据汇交管理机构存档，一份项目承担单位收执，一份上报科学技术部基础司。

科学数据管理机构（盖章）：

盖章日期：_____

图 3-6　科技基础性工作专项项目数据汇交接收回执模板

3）数据汇交验收阶段。该阶段由科学数据管理机构对数据汇交文件的完整性与规范性、一致性和质量进行审查。完整性与规范性主要包括数据文件的完整性、数据组织及命名的规范性。一致性指汇交方案、元数据表、数据实体和数据文档等文件对数据的描述是否一致。数据质量则包含文件能否正确读取、数据内容是否有重大缺失、数据的准确性及精度以及是否满足相关质量规范等（详见本书 5.4 节）。数据汇交文件审核合格后，由科学数据管理机构开具数据汇交验收意见（图 3-7），若审核不合格，则由项目承担单位进行修改和完善，直至合格为止；若到期未修改合格，科学数据管理机构将提出整改意见，并报批科技主管部门。

|第 3 章| 科技基础性工作数据汇交模式与流程

科技基础性工作专项项目数据汇交验收意见

____年___月期间，受科学技术部基础司委托，科学数据管理机构对项目_____（编号：_____）汇交的科学数据（汇交接收回执编号：_____）进行了数据审查、测试工作，形成验收意见如下：

按照项目计划任务书及数据汇交方案，项目承担单位汇交了要求的数据内容，元数据及数据文档等符合规定的格式及内容要求，数据汇交形式规范。项目承担单位承诺依据《科技基础性工作专项项目科学数据汇交管理办法（试行）》共享汇交的项目科学数据。

同意通过项目汇交数据验收。

本验收意见一式三份，一份数据汇交管理机构存档，一份项目承担单位留存，一份上报科学技术部基础司。

科学数据管理机构（盖章）

盖章日期：_____

图 3-7 科技基础性工作专项项目数据汇交验收意见模板

3.4 科技基础性工作数据汇交组织与管理

科技基础性工作数据汇交是一项系统化、规范化以及过程复杂的工作，需要由科技主管部门牵头组织下，由项目依托部门相关单位、项目承担单位以及科学数据管理单位等多机构的共同参与。不同机构间的组织、管理以及详细分工如图 3-8 所示。

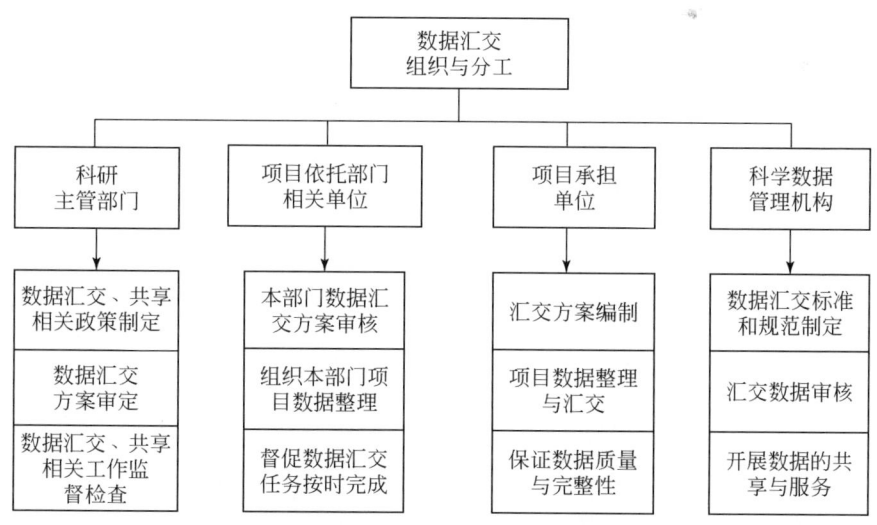

图 3-8 科技基础性工作数据汇交组织与分工

科技主管部门负责项目科学数据汇交、共享与服务的制度、政策和措施的制定，承担项目科学数据汇交的科学数据管理机构的认定，以及数据汇交工作的审定与数据汇交、保存、共享与服务、安全保密与知识产权保护等相关工作的监督与检查。项目依托部门相关单位主要负责本部门项目的科学数据审核，组织本部门项目科学数据的整理工作，以及督促本部门及时完成科学数据汇交任务。项目承担单位主要负责数据汇交方案的编制，在确保项目数据质量与完整性的基础上，根据汇交方案进行项目数据的整理，按时完成汇交，并在后续数据共享过程中对有问题的数据进行更正修改，同时提供数据咨询以及可能的有偿数据增值加工服务。科学数据管理机构主要负责数据汇交标准和规范的制定，提供科学数据汇交培训、咨询与技术支持，以及汇交数据的审核与验收意见的开具。在完成汇交工作之后，科学数据管理机构须确保已汇交数据的存储与安全问题，并开展科学数据的共享与服务等相关工作。

整个数据汇交工作过程采取严格的责任制，一方面，针对在数据汇交过程中出现弄虚作假或将核心重要数据隐瞒不报的单位和个人，科研主管部门根据情况将追究其责任；另一方面，对于未按照相关规定进行数据汇交的单位和个人，科研主管部门将通报汇交单位所属的主管部门，责令其限期整改完成，并视情节轻重采取通报批评、不通过验收、取消其本人或所在单位 1～3 年项目申报资格等有关措施，从而在一定程度上保证科技基础性数据汇交工作能够顺利开展。

科技基础性工作数据汇交的组织分工、数据汇交内容与流程等汇编形成《科技基础性工作专项项目科学数据汇交管理办法（暂行）》，通过科技主管部门向全国发布，成为保障科技基础性工作数据汇交的基础性制度。

第4章 科技基础性工作数据汇交技术标准

数据汇交涉及汇交方案编制、元数据编写、数据说明文档编制以及数据资料文件整理等多个环节，每个环节紧密相连，需要有一套统一的数据汇交技术标准，解决由于数据资源分散、多源、异构等特点给数据汇交带来的问题，以确保整个数据汇交工作规范、稳步、有序地进行。本章重点介绍数据汇交方案、元数据标准、标本资源描述规范、数据说明文档编制规范以及数据文件整理规范等，以其从技术上规范和支撑科技基础性工作数据资料的汇交，并为其他科技计划项目数据汇交提供借鉴。

4.1 科技基础性工作数据资料汇交方案

科技基础性工作数据资料汇交方案是以项目任务书特别是考核指标作为基本参照，对应该汇交的数据资源的类型、格式、来源、共享方式、生产方式等基本情况进行详细说明。数据汇交方案是完成数据汇交工作必不可少的基础，是指导数据实体汇交、审核与验收的重要参考依据。数据汇交方案主要包括：项目基本信息、项目计划任务书规定的任务和考核指标及调整情况、汇交的资源内容、资源质量控制、其他相关说明以及项目负责人承诺与单位意见6部分。通过数据汇交方案，比较汇交内容与任务书指标的一致情况，全面规定汇交数据资源的总体概况，防止数据汇交工作弄虚作假或隐瞒核心数据不汇交。

（1）项目基本信息

项目基本信息是对某一科技基础性工作项目基本情况的概括，主要包括项目编号、项目名称、项目所属类型、成果类型，项目起止时间、经费、项目负责人、项目联系人以及成果简介等相关内容，如表4-1所示。基础性工作项目的成果主要包括：论文和著作、考察报告、科学数据、新产品（或农业新品种）、科学规范、新方法、新模式、计算机软件、生物样本、人才培养、重要标准、专利、图集图件等。通过该表的填写，能够清晰、快速地了解每一个基础性工作项目的状况，有助于推进数据汇交工作的进行，是汇交方案当中不可或缺的一个部分。

|科技基础性工作数据汇交与整编模式、标准|

表 4-1　科技基础性工作项目基本信息表

项目编号			所属类型		□重点　□一般	
项目名称						
第一承担单位			项目依托部门			
成果类型	□论文和著作　□考察报告　□科学数据　□新产品（或农业新品种）　□科学规范　□新方法、新模式　□计算机软件　□生物样本　□人才培养　□重要标准　□专利　□图集图件　□其他					
项目起止时间		至		项目经费（万元）		
项目负责人	姓名		性别		电话	
	专业		职称/职务		手机	
	电子邮件				传真	
	单位					
数据汇交联络人	姓名		职称/职务		电话	
	电子邮件				手机	
	单位				传真	
	通讯地址				邮编	
成果简介						

（2）项目计划任务书规定的任务和考核指标及调整情况

该部分是以项目计划任务书为基准，填写规定的工作内容、任务和考核指标及其完成情况，有无调整情况及调整内容的完成情况等相关内容。它是实体数据汇交审核与验收工作的核心参考，能够用来判定项目所产生的成果与汇交成果的数量是否一致，能有效降低出现汇交过程弄虚作假或隐瞒核心数据等情况的发生频率。

（3）汇交的资源内容

该部分主要包括对汇交资源的种类、数量以及共享方式（完全开放共享、协议共享、暂不共享）等总体情况的说明以及汇交资源内容、类型（数据、图集、志书、典籍、实体资源、标准规范、论文专著和研究报告）与变更情况等。其中，完全开放共享是指在网络上可以直接共享访问的数据；协议共享是指主要针对敏感数据，需要鉴定协议后方可共享的数据；暂不共享是指在成果保护规定期限内不能共享的数据。专项项目原则上应为完全开放共享，项目不得以不正当理由将

第4章 科技基础性工作数据汇交技术标准

本应完全开放共享的数据设置为协议共享和暂不共享。上述内容具体以项目汇交资源清单表的形式填报,如表 4-2 所示。此外,还需根据汇交数据的类型(矢量、栅格、表格、文本等),分别填写汇交数据的详细描述表(表 4-3~表 4-6)。

表 4-2 项目汇交的资源清单

序号	考核指标	资源名称	类型	共享方式	变更情况

表 4-3 矢量数据详细描述表

序号	数据集名称	图层名称	图层属性说明	图层类型	数据格式	地理位置或空间覆盖范围	空间参考基准	比例尺	数据集时间	数据来源	数据量

表 4-4 栅格数据详细描述表

序号	数据集名称	波段说明	数据格式	地理位置或空间覆盖范围	空间参考基准	空间分辨率	数据集时间	数据来源	数据量

表 4-5 表格数据详细描述表

序号	数据集名称	字段名称	数据格式	地理位置或空间覆盖范围	数据集时间	数据来源	数据记录数

表 4-6 文本及其他类型数据详细描述表

序号	数据集名称	数据项	数据格式	地理位置或空间覆盖范围	数据集时间	数据来源	数据量

（4）资源质量控制

该部分对资源的主要生产方式、所采用的质量控制措施等汇交数据质量控制情况的总体说明以及每个数据集的来源、采集、加工处理方法等的详细说明。具体是以表格的形式进行填报，其表格模板如表 4-7 所示。

表 4-7　项目汇交资源质量控制措施

序号	资源名称	产生方式	质量控制说明（来源、采集、加工、处理方式及质量控制措施等）

（5）其他相关说明

该部分主要是针对共享方式而言，即对协议共享原因和协议方式，暂不共享原因和开放日期，以及数据保存、利用特别要求等方面的说明（如数据读取特殊软件等）。

（6）项目负责人承诺与单位意见

该部分是数据汇交工作中实现责任制的重要保障，能够在一定程度上促使项目单位落实好数据汇交相关工作，包括项目负责人承诺与单位的意见。要求项目负责人必须承诺：汇交方案的真实性，保障汇交的资源内容完整、质量可靠、形式规范，元数据和数据说明文档符合规定的格式及内容要求。要求项目承担单位对项目负责人的承诺负责，并盖章。

4.2　科技基础性工作数据资料核心元数据及扩展规则

4.2.1　科技基础性工作数据资料核心元数据标准

元数据是关于数据的数据，对数据资源标识、内容、时空范围、质量控制、管理分发信息进行描述，用于促进数据的共享、高效利用、维护以及管理等。元数据标准则是对元数据包括的元数据项及其语义含义、类型、出现次数、值域范围的规范化、形式化规定。目前，国内外很多机构和组织都致力于该方面的研究，提出了多种元数据标准，其中应用较为广泛的有 Dublin Core 元数据（Caverlee et

第 4 章 科技基础性工作数据汇交技术标准

al.，2009)、地理信息元数据国家标准（GB/T 19710—2005)、美国联邦地理数据委员会 1998 年公布的数字地理空间数据内容标准、ISO/TC 211 元数据、科学数据库核心元数据标准（中国科学院数据应用环境建设与服务项目组 2009 年公布)、地球系统科学数据元数据标准（中国科学院地理科学与资源研究所 2013 年公布)、气象数据集核心元数据标准（GB/T 33674—2017)、国土资源信息核心元数据标准（国土资源部信息中心[①]2002 年公布）等，其具体对比如表 4-8 所示。

表 4-8 国内外元数据标准内容对比

标准名称	组织机构	标准内容
Dublin Core 元数据	OCLC 公司、美国超级计算机应用中心	15 个核心元素，包含资源内容、知识产权、外部属性三大部分
数字地理空间数据内容标准	美国联邦地理数据委员会	460 个元数据实体，包含标识信息、质量信息、组织信息、参考系、分发信息等
ISO/TC 211 元数据	国际标准化组织地理信息技术委员会	两个等级元数据，一级是编目信息，二级等同于 FGDC 元数据
科学数据库核心元数据	中国科学院	质量信息、分发信息、元数据参考信息、提示信息、结构描述信息、范围信息等
国土资源信息核心元数据	国土资源部信息中心[①]	标识信息、质量信息、参考系统、内容信息、分发信息
地球系统科学数据元数据	中国科学院地理科学与资源研究所	标识信息、质量信息、参考系统、分发信息、内容信息、元数据参考信息
气象数据集核心元数据	国家标准化管理委员会	元数据实体信息、内容信息、知识产权信息

上述标准普遍以科学数据作为资源描述对象，同时往往针对某个或某几个领域，而科技基础性工作数据资源不仅仅限于科学数据，还有志书、典籍、实体资源、论文、专著、研究报告等多种类型，并且涉及多个学科领域。因此现有元数据标准很难满足科技基础性工作专项项目数据资料对于多类型、跨领域数据资源以及汇交、整编与共享等多方面的需求。因此，本书结合已有的元数据标准，同时考虑到基础性工作数据资源的跨领域与数据类型复杂等情况，提出科技基础性工作数据资料核心元数据标准，简称科技资源元数据标准。

科技资源核心元数据由一组复合元数据和单一元数据元素构成，其结构如图 4-1 所示。复合元数据元素包括：来源项目、资源负责方、资源管理方和元数据管理信息。每个复合元数据元素又包含若干单一元数据项。单一元数据元素是元数据的最基本信息单元，包括：资源标识、资源学科分类、中文名称、英文名称、资源描述摘要、关键词、资源类型、资源格式、资源时间、资源地点、最新修订时间、共享方式、资源质量描述、在线链接地址以及缩略图等 15 项。对每一

---

① 现为自然资源部信息中心

个元数据元素,通过中文名称、英文名称、短名、类型、值域、可选性、最大出现次数等属性进行准确的定义,具体如表 4-9 所示。

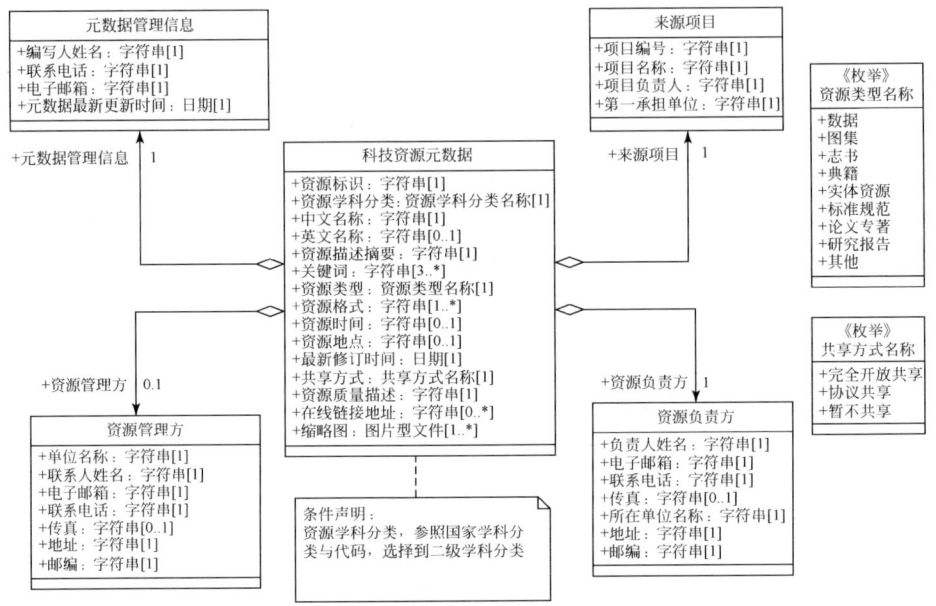

图 4-1　科技资源核心元数据结构

表 4-9　科技资源核心元数据项定义

数据元素	英文名称	短名	类型	值域	可选性	最大出现次数	注释
资源标识	resource identifier	ID	字符串	自由文本	必选	1	资源标识由系统自动产生。标识规则:项目编号+"-"+元数序号+"-"+日期流水号。如:2007FY1110400-01-20140623
资源学科分类	resource subject	resSubject	字符串	自由文本	必选	1	参照国家标准《学科分类与代码》(GB/T 13745—2008),选择到二级学科分类
中文名称	resource nameCN	resNameCN	字符串	自由文本	必选	1	中文名称需反映资源内容及主要特征。中文名称一般包含资源的时间、地点和主题三要素。如:2008—2012 年东北森林植物资源调查样地分布空间数据科技资源的英文名称与中文名称应一一对应

第4章 科技基础性工作数据汇交技术标准

续表

数据元素	英文名称	短名	类型	值域	可选性	最大出现次数	注释
英文名称	resource nameEN	resNameEN	字符串	自由文本	可选	1	对科技资源主要内容、特征等的简要描述。志书、典籍、研究报告等对应其摘要或简要说明
资源描述摘要	resource introduction	resIntro	字符串	自由文本	必选	1	对科技资源主要内容、特征等的简要描述。志书、典籍、研究报告等对应其摘要或简要说明
关键词	keywords	keywords	字符串	自由文本	必选	N	关键词的个数不得少于3个，中间用","隔开。如：东北森林，种质资源调查，乔木，样地
资源类型	resource type	resType	字符串	八大类型	必选	1	
资源格式	resource format	resFormat	字符串	自由文本	必选	N	资源格式可以有多个，中间用","隔开
资源时间	resource time	resTime	字符串	自由文本	可选	1	数据、图集、志书、典籍时间是指其内容表达的起止时间；标本资源时间指采集制备时间点；标准规范时间指正式发布的时间点；论文专著是指正式发表或出版的时间点；研究报告是指编撰完成的时间点
资源地点	resource site	resSite	字符串	自由文本	可选	1	数据、图集、志书、典籍是指其内容表达的地点；标本资源指采集的地点（产地）；标准物质指制备的单位地点
最新修订时间	resource last edit time	resLastEditTime	日期	ISO8601日期格式	必选	1	资源没有修订时，为资源的形成时间
共享方式	sharing mode	sharingMode	字符串	完全开放共享、协议共享、暂不共享中任选其一	必选	1	依据"科技基础性工作专项项目科学数据汇交管理办法（暂行）"规定填写

续表

数据元素	英文名称	短名	类型	值域	可选性	最大出现次数	注释
资源质量描述	resource quality	resQuality	字符串	自由文本	必选	1	志书、典籍的质量描述可以参考志书、典籍中的凡例/编纂说明/编写说明等；标准规范的质量描述可以参考其编制说明中相应的部分
在线链接地址	resource onlineUrl	resOnlineUrl	字符串	自由文本	可选	N	
缩略图	thumbnail	thumbnail	字符串	-	必选	N	可以是多张图片

注：N 代表不限次数

复合元数据元素分别如表 4-10、表 4-11、表 4-12、表 4-13 所示。

（1）来源项目

来源项目是对汇交数据资料的项目的基本信息进行描述的复合元数据元素，包括：项目编号、项目负责人以及第一承担单位等数据元素，如表 4-10 所示。

表 4-10 来源项目元数据元素

数据元素	英文名称	短名	类型	值域	可选性	最大出现次数	注释
项目编号	project name	projectName	字符串	自由文本	必选	1	
项目负责人	project leader	projectLeader	字符串	自由文本	必选	1	
第一承担单位	first company	firstCompany	字符串	自由文本	必选	1	

（2）资源负责方

资源负责方通常指数据资源的产权单位，一般是数据的采集、生产或处理单位，具体包含：负责人姓名、电子邮箱、联系电话、传真、所在单位、地址、邮编等 7 个元素，详情如表 4-11 所示。

表 4-11 资源负责方元数据元素

数据元素	英文名称	短名	类型	值域	可选性	最大出现次数	注释
负责人姓名	operator name	operatorName	字符串	自由文本	必选	1	
电子邮箱	operator email	operatorEmail	字符串	自由文本	必选	1	
联系电话	operator telephone	operatorTel	字符串	自由文本	必选	1	
传真	operator fax	operatorFax	字符串	自由文本	必选	1	

第4章 科技基础性工作数据汇交技术标准

续表

数据元素	英文名称	短名	类型	值域	可选性	最大出现次数	注释
所在单位	operator company name	opertorCompanyName	字符串	自由文本	必选	1	
地址	operator address	operatorAdd	字符串	自由文本	必选	1	
邮编	operator post code	operatorPostCode	字符串	自由文本	必选	1	

（3）资源管理方

资源管理方是对承担汇交数据的审核、验收、保存与管理等相关工作的执行单位的基本情况的描述，主要包括资源管理方的单位名称、联系人姓名、联系电话、传真、地址以及邮编等6个数据元素，如表4-12所示。

表 4-12 资源管理方元数据元素

数据元素	英文名称	短名	类型	值域	可选性	最大出现次数	注释
单位名称	manager company name	managerCompanyName	字符串	自由文本	必选	1	
联系人姓名	manager name	managerName	字符串	自由文本	必选	1	
联系电话	manager telephone	managerTelephone	字符串	自由文本	必选	1	
传真	manager fax	managerFax	字符串	自由文本	可选	1	
地址	manager address	managerAdd	字符串	自由文本	必选	1	
邮编	manager post code	managerPostCode	字符串	自由文本	必选	1	

（4）元数据管理信息

元数据管理信息是记录元数据相关信息的变更情况所必不可少的一个部分，主要包括元数据编写人姓名、联系电话、电子邮箱以及元数据最新更新时间等数据元素，具体信息如表4-13所示。

表 4-13 元数据管理信息元素

数据元素	英文名称	短名	类型	值域	可选性	最大出现次数	注释
编写人姓名	manager author name	managerAuthorName	字符串	自由文本	必选	1	
联系电话	metadata manager telephone	mdManagerTel	字符串	自由文本	必选	1	
电子邮箱	metadata manager email	mdManagerEmail	字符串	自由文本	必选	1	
元数据最新更新时间	metadata last edit time	mdLastEditTime	字符串	ISO8601日期	必选	1	

4.2.2 科技基础性工作数据资料核心元数据扩展规则

1. 元数据扩展原则

根据实际需要可对上述定义的核心元数据进行补充、扩展形成各业务数据的元数据应用方案。为了获得科学、合理、规范的扩展元数据项,新建元数据时需要遵循如下基本原则。

1）选取元数据时,既要考虑数据资源单位的数据资源特点以及工作的复杂、难易程度,又要充分满足科技资源信息管理以及用户的查询、提取数据的需要。

2）选取的元数据不但要满足当前阶段的业务数据需求,更应该考虑将来一定时间内可能产生新的数据需求。扩展过程中,还可以积极参考国内和国外先进标准。

3）新建的元数据不应与 4.2.1 小节中定义的科技资源核心元数据中现有的元数据元素、复合元数据元素、代码表的名称、定义相冲突。

4）增加的元数据元素或复合元数据元素应按照图 4-1 所确定的层次关系进行合理的组织。如果现有的元数据元素或复合元数据元素无法满足新增元数据的需要,则可以新建元数据元素或复合元数据元素。

5）允许以代码表替代值域为自由文本的现有元数据元素的值域。

6）允许增加现有代码表中值的数量,扩充后的代码表应与扩充前的代码表在逻辑上保持一致。

7）允许对现有的元数据元素的值域进行缩小（例如,规定的元数据元素的值域中有 7 个值,在扩展后可以规定它的值域只包含其中的 4 个值）。

8）允许对现有的元数据的可选性和最大出现次数施以更严格的限制（例如,定义为可选的元数据,在扩展后可以是必选的；在本规范中定义为可无限次重复出现的元数据,在扩展后可以是只能出现 1 次）。

2. 元数据扩展方法

基础性工作数据资料核心元数据扩展方法主要包含：分析已有元数据、定义新的代码表、定义新的元数据元素、定义新的复合元数据元素、定义更加严格的元数据约束条件、增加/减少代码表的值、编制元数据扩展文档等 7 个步骤,如图 4-2 所示。

1）分析已有元数据。扩展元数据的第 1 步应保证对现有的元数据进行全面的分析,这种分析不仅要针对元数据元素/复合元数据元素的名称,还应分析它们的定义、数据类型、约束条件、值域和最大出现次数等属性,在不能满足需要的情

|第4章| 科技基础性工作数据汇交技术标准

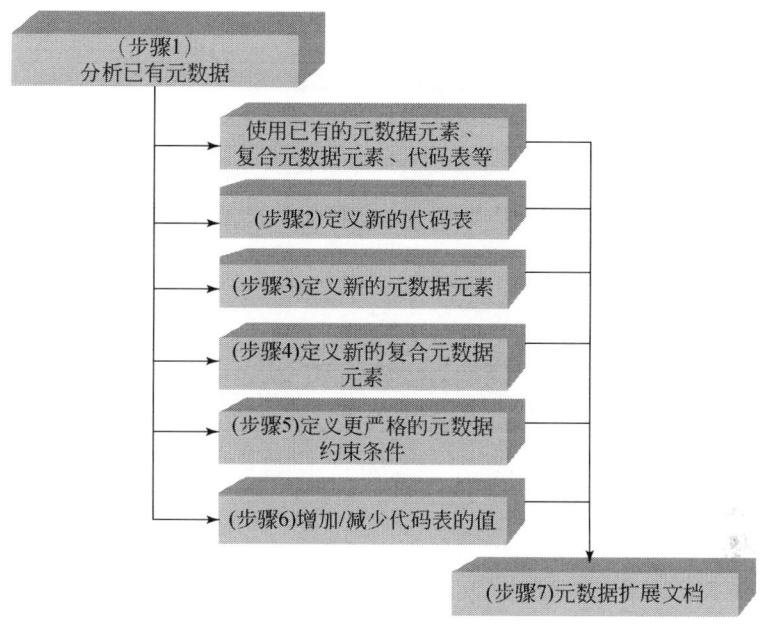

图 4-2 元数据扩展方法

况下进行扩展。分析方法为：①如果现有元数据中存在能够满足要求的元数据元素、复合元数据元素，则直接采用即可，无须新建元数据；②在现有元数据中的元数据代码表无法满足要求的情况下，需要通过建立新的元数据代码表以满足需要，则进行步骤 2；③在现有元数据中的元数据元素无法满足要求的情况下，需要通过建立新的元数据元素以满足需要，则进行步骤 3；④在现有元数据中的复合元数据元素无法满足要求的情况下，需要通过建立新的复合元数据元素以满足需要，则进行步骤 4；⑤通过更改现有元数据中的元数据的约束条件就可以满足要求的情况下，则进行步骤 5；⑥在现有元数据中代码表的值需要扩展的情况下，则进行步骤 6。

2）定义新的代码表。在需要一个新的代码表以满足某个元数据元素值域需要时：①建立新的元数据代码表，并添加代码表中的值；②进入步骤 7，建立元数据扩展文档；③使用新元数据代码表以满足需求。

3）定义新的元数据元素。在需要一个新的元数据元素以满足需要时：①给出新元数据元素的中文名称、英文名称、定义、数据类型、值域、短名、可选性、最大出现次数等属性信息；②如果它需要新的代码表，则进行步骤 2；③进入步骤 7，建立元数据扩展文档；④使用新元数据代码表以满足需求。

4）定义新的复合元数据元素。在需要一个新的元数据实体以满足需要时：①给出新复合元数据元素的中文名称、定义、英文名称、数据类型、短名、注解、子元素、示例等属性信息；②确定构成复合元数据元素的单一元数据元素；③如果构成该元数据实体的元数据元素需要新建，则进行步骤3；④进入步骤7，建立元数据扩展文档；⑤使用新元数据代码表以满足需求。

5）定义更严格的元数据约束条件。如果要选用一个现有元数据中的已有的元数据元素、复合元数据元素，但需要其具备更严格的约束条件，则可以用"必选"代替"条件必选"或"可选"，可以用"条件必选"代替"可选"。方法是：①定义该复合元数据元素、元数据元素新的约束条件。如果新的条件约束是"条件必选"，则应给出必须使用该元数据实体、元素时的条件；②进入步骤7，建立元数据扩展文档；③使用新元数据代码表以满足需求。

6）增加或减少代码表的值。要选用一个现有元数据中的代码表，但需要通过减少或增加代码表中的项来对原有的代码表进行特化，方法是：①修改该代码表，较少或增加相应的项；②进入步骤 7，建立元数据扩展文档；③使用新元数据代码表以满足需求。

7）元数据扩展文档。一旦定义了新元数据实体、元素，需要明确地记录对元数据的改变，这种改变必须按相应格式在新规范文档中记录。具体方法如下：①如果建立的是新的代码表，则要更新摘要表示，添加相应的表格；②如果建立的是新的元数据元素，则要更新摘要表示；③如果建立的是新的复合元数据元素，则要更新摘要表示；④如果定义更严格的元数据约束条件，则要更新摘要表示；⑤增加或减少代码表的值，则要更新摘要表示。

4.3　科技基础性工作实体资源描述规范

科技基础性工作产生的植物种质资源、动物种质资源、微生物菌种资源、人类遗传资源、生物标本资源、岩矿化石资源、实验材料资源、标准物质等八大类实体资源。一般情况保存在项目单位或主管部门指定的实物保管机构，实体资源并不汇交到数据管理机构。但为了能够让这些实体资源充分共享，实体资源必须按类别汇交元数据，对每一份实体资源进行规范化的描述。

科技基础性工作实体资源的规范化描述是以《自然科技资源共性描述规范》为基本依据（曹一化等，2006），同时结合科技基础性工作专项项目的特点，进行修订完善的。每一份/号实体资源依据其特性、分类、保存、共享等情况填写一条描述信息，且附带一张实体资源图片，而元数据则按照实体资源的时空分布特征和资源类型，每一类填写一条。在汇交过程中将元数据、实体资源描述信息表、实体资源图片等进行统一提交。实体资源描述规范有利于整合基础性工作实体资源，规范实体资源的收集、保存、鉴定和评价，能够实现基础性工作实体资源的

第4章 科技基础性工作数据汇交技术标准

充分共享与可持续利用。

（1）植物种质资源

植物种质资源的规范化描述可分为名称信息、分类信息、产地信息、特征特性信息、图像信息、保存信息、共享信息等7类，具体包含种质名称、种质外文名、科名、属名、资源归类编码、资源类型、主要特性等在内的45个指标（表4-14）。其中，资源归类编码为国家自然科技平台资源分级归类与编码标准中的编码；图像为该种质资源图像记录相对地址名称，即文件夹路径+图像名称，图像名为资源编号，如有多张图像应命名为"资源编号-1""资源编号-2"，以此类推，数据汇交时，需要提供对应的图像文件；记录地址为项目承担单位已建设的可对外访问的种质资源详细信息的网址或数据库记录链接。

表4-14 植物种质资源描述规范表

序号	描述符	数据类型	数据限制	说明
1	种质名称	字符型		植物种质资源的中文名称
2	种质外文名	字符型		国外引进植物种质资源的外文名和国内植物种质资源的汉语拼音名
3	科名	字符型		种质资源在植物分类学上的科名
4	属名	字符型		种质资源在植物分类学上的属名
5	种名	字符型		种质资源在植物分类学上的种名、亚种名或变种名等，中文名称以"三志（《中国动物志》《中国孢子植物志》《中国植物志》）"上的名称为主要依据
6	资源归类编码	字符型		国家自然科技资源平台资源分级归类与编码标准中的编码
7	原产地	字符型		国内植物种质资源的原产县、乡、村名称
8	省	字符型		国内植物种质资源原产省份名称；国外引进种质原产国家一级行政区的名称
9	国家	字符型		植物种质资源原产国家名称、地区名称或国际组织名称
10	资源类型	字符型	1.野生资源（群体）2.野生资源（家系）3.野生资源（个体）4.地方品种、选育品种 5.品系 6.遗传材料 7.其他	植物种质资源的类型
11	主要特性	字符型	1.高产 2.优质 3.抗病 4.抗虫 5.抗逆 6.高效 7.其他	植物种质资源的主要特性
12	主要用途	字符型	1.食用 2.纤维 3.嗜好 4.药用 5.生态 6.观赏 7.材用 8.其他	植物种质资源的主要用途

续表

序号	描述符	数据类型	数据限制	说明
13	气候带	字符型	1.热带 2.亚热带 3.温带 4.寒温带 5.寒带 6.其他	植物种质资源所属气候带
14	生长习性	字符型		植物种质资源的生长习性
15	生育周期	字符型		植物种质资源的生育周期
16	观测地点	字符型		植物种质资源形态、特性观测地点的名称
17	系谱	字符型		植物选育品种（系）的亲缘关系
18	选育单位	字符型		选育植物品种（系）的单位名称或个人
19	育成年份	字符型		植物品种（系）培育成功的年份
20	海拔	字符型		以米为单位，保留小数点后两位
21	经度	字符型		以十进制度的形式填写，保留小数点后4位
22	纬度	字符型		以十进制度的形式填写，保留小数点后4位
23	土壤类型	字符型	植物种质资源原产地的土壤类型	植物种质资源原产地的土壤类型
24	生态系统类型	字符型	植物种质资源原产地的自然生态系统类型	植物种质资源原产地的自然生态系统类型
25	年均温度	字符型		植物种质资源原产地的年平均温度，单位℃
26	年均降雨量	字符型		植物种质资源原产地的年平均降雨量，单位mm
27	图像	字符型		植物种质资源的图像记录相对地址名称，即文件夹路径+图像名，图像名为资源编号，如有多张图像应命名为"资源编号-1" "资源编号-2"，以此类推，数据汇交时，需要提供对应的图像文件
28	记录地址	字符型		项目承担单位已建设的可对外访问的植物种质资源详细信息的网址或数据库记录链接
29	保存单位	字符型		植物种质资源的保存单位名称，为单位的正式全称
30	单位编号	字符型		植物种质资源保存单位赋予的种子编号
31	库编号	字符型		植物种质资源在种质库中的编号
32	圃编号	字符型		植物种质资源在种质圃中的编号
33	引种号	字符型		植物种质资源从国外引入时赋予的编号

第4章 科技基础性工作数据汇交技术标准

续表

序号	描述符	数据类型	数据限制	说明
34	采集号	字符型		植物种质资源在野外采集时赋予的编号
35	保存资源类型	字符型	1.植株 2.种子 3.种茎 4.块根（茎）5.花粉 6.培养物 7.DNA 8.其他	保存的植物种质的类型
36	保存方式	字符型	1.库 2.圃 3.园 4.保护区 5.其他	植物种质资源保存的方式
37	实物状态	字符型	1.好 2.中 3.差 4.无实物 5.其他	植物种质资源实物的状态
38	共享方式	字符型	1.完全开放共享 2.协议共享 3.暂不共享	资源的共享方式
39	获取途径	字符型	1.现场获取 2.邮寄 3.网上订购 4.其他	当共享方式为完全开放共享和协议共享时，需要填写获取途径。获取途径主要有以下方式：1.现场获取 2.邮寄 3.网上订购 4.其他
40	联系人	字符型		联系人姓名
41	单位	字符型		联系人所在单位名称
42	地址	字符型		联系地址
43	邮编	字符型		联系地址的全国统一邮政编码
44	电话	字符型		联系电话号码
45	E-mail	字符型		联系人的邮箱地址

（2）动物种质资源

动物种质资源的规范化描述可分为名称信息、分类信息、产地信息、特征特性信息、图像信息、保存信息、共享信息等7类，具体包括资源名称、别名、外文名、功能特性、用途等在内的44个指标（表4-15）。其中，种质资源的功能特性一般指高繁殖能力、高生产力、优质、抗病虫、抗逆、耐高寒等特性；主要用途包括役用、药用、保健、生物防治、观赏、竞技、娱乐等；获取途径是针对共享方式而言，当共享方式为完全开放共享和协议共享时，需要填写获取途径，其主要有现场获取、邮寄、网上订购等相关方式。

表4-15 动物种质资源规范描述表

序号	描述符	数据类型	数据限制	说明
1	资源名称	字符型		种质资源的中文名称
2	资源别名	字符型		动物种质资源的中文别名
3	资源外文名	字符型		种质资源的外文名称
4	科名	字符型		种质资源在分类学上的科名

续表

序号	描述符	数据类型	数据限制	说明
5	属名	字符型		种质资源在分类学上的属名
6	种名或亚种名	字符型		种质资源在分类学上的种名或亚种名
7	资源归类编码	字符型		动物种质资源的中文别名
8	原产地	字符型		国内动物种质资源的原产县、乡、村名称
9	省	字符型		国内动物种质资源原产省份名称；国外引进种质原产国家一级行政区的名称
10	国家	字符型		动物种质资源原产国家名称、地区名称或国际组织名称
11	资源类型	字符型	1.野生种质资源 2.地方种质资源 3.培育种质资源 4.引进种质资源 5.其他	种质资源的类型
12	功能特性	字符型		种质资源的主要功能特性：如高繁殖力、高生产力、优质、抗病虫、抗逆、耐粗饲、耐高温高湿、耐高寒、耐极端干旱、耐药、致病、其他
13	主要用途	字符型		种质资源的主要用途：肉、蛋、奶、蜜、纤维、役用、药用、保健、生物防治、研究教学、观赏、竞技、娱乐、毛皮、其他
14	气候带	字符型	1.热带 2.亚热带 3.暖温带 4.温带 5.寒温带 6.寒带 7.其他	种质资源所属气候带
15	海拔	字符型		以米为单位，保留小数点后两位
16	经度	字符型		以十进制度的形式填写，保留小数点后4位
17	纬度	字符型		以十进制度的形式填写，保留小数点后4位
18	年平均温度	字符型		种质资源原产地的年平均温度,单位℃
19	极端平均高温	字符型		种质资源原产地的极端平均高温，单位℃
20	极端平均低温	字符型		种质资源原产地的极端平均低温，单位℃
21	年均湿度	字符型		种质资源原产地的年平均湿度，单位%
22	年均降雨量	字符型		种质资源原产地的年平均降雨量，单位mm
23	生活生态习性	字符型		种质资源的生活生态习性
24	繁殖周期	字符型		种质资源的繁殖周期（妊娠期或生活史）

第4章 科技基础性工作数据汇交技术标准

续表

序号	描述符	数据类型	数据限制	说明
25	性成熟期	字符型		种质资源的雌、雄性成熟期
26	生命周期	字符型		种质资源的活体寿命长短
27	形态特征	字符型		种质资源的主要形态特征和特性等
28	具体用途	字符型		种质资源的具体用途
29	生态系统类型	字符型	原产地的生态系统类型	种质资源原产地的生态系统类型
30	记录地址	字符型		项目承担单位已建设的可对外访问的植物种质资源详细信息的网址或数据库记录链接
31	图像	字符型		种质资源的图像记录相对地址名称，即文件夹路径+图像名，图像名为资源编号，如有多张图像应命名为"资源编号-1""资源编号-2"，以此类推，数据汇交时，需要提供对应的图像文件
32	保存单位	字符型		种质资源的保存单位名称，为单位的正式全称
33	单位编号	字符型		种质资源在保存单位的内部编号
34	保存资源类型	字符型	1.活体 2.精子 3.卵子 4.胚胎 5.细胞株 6.生物分子 7.固定标本 8.其他	保存的种质资源类型
35	保存方式	字符型	1.保护场 2.保护区 3.低温保存 4.传代 5.液浸 6.其他	种质资源的保存方式
36	实物状态	字符型	1.正常 2.退化 3.无实物 4.其他	种质资源实物的状态
37	共享方式	字符型	1.完全开放共享 2.协议共享 3.暂不共享	资源的共享方式
38	获取途径	字符型	1.现场获取 2.邮寄 3.网上订购 4.其他	当共享方式为完全开放共享和协议共享时，需要填写获取途径。获取途径主要有以下方式：1.现场获取 2.邮寄 3.网上订购 4.其他
39	联系人	字符型		联系人姓名
40	单位	字符型		联系人所在单位名称
41	地址	字符型		联系地址
42	邮编	字符型		联系地址的全国统一邮政编码
43	电话	字符型		联系电话号码
44	E-mail	字符型		联系人的邮箱地址

（3）微生物菌种资源

微生物菌种资源描述规范可分为名称信息、分类信息、产地信息、特征特性信息、图像信息、保存信息、共享信息等 7 类，具体包括中文名称、属名、基因元器件、来源历史、特征特性等在内的 39 个指标（表 4-16）。其中基因元器件是特殊用途的载体或核酸片段，主要有质粒、F 因子、筛选标记基因、启动子、增强子、信号肽基因等；来源历史为菌种资源在收藏单位之间的转移情况；特征特性指菌种资源的分类学特征、营养类型、最适温度类型、水活度、酸碱适应性、需氧类型等。

表 4-16 微生物菌种资源描述规范表

序号	描述符	数据类型	数据限制	说明
1	中文名称	字符型		菌种资源的中文名称
2	属名	字符型		菌种资源的分类学属名
3	种名加词	字符型		菌种资源分类学的种名加词
4	种下名称	字符型		菌种资源的种下名称
5	资源归类编码	字符型		国家自然科技资源平台资源分级归类与编码标准中的编码
6	菌株保藏编号	字符型		菌种资源在保藏单位的编号
7	其他保藏中心编号	字符型		菌种资源在其他保藏机构的保藏编号
8	原产国	字符型		菌种资源分离基物采集地所在国家名称
9	来源历史	字符型		菌种资源在收藏单位之间的转移情况
10	收藏时间	字符型		菌种资源被保藏机构收集、保藏的时间
11	原始编号	字符型		菌种资源的原始分离编号
12	模式菌株	字符型	是与否（缺省为否）	菌种资源是否是模式菌株
13	主要用途	字符型	1.分类 2.研究 3.教学 4.分析检测 5.生产 6.其他	主要用途包括：1.分类 2.研究 3.教学 4.分析检测 5.生产 6.其他
14	特征特性	字符型		菌种资源的分类学特征、营养类型、最适温度类型、水活度、酸碱适应性、需氧类型以及其他特殊特性
15	生物危害程度	字符型	1.一类 2.二类 3.三类 4.四类 5.不清楚	生物危害程度包括：1.一类 2.二类 3.三类 4.四类 5.不清楚

第4章 科技基础性工作数据汇交技术标准

续表

序号	描述符	数据类型	数据限制	说明
16	寄主名称	字符型		菌种资源寄生宿主的中文或拉丁名称
17	致病对象	字符型	1.人 2.动物 3.人畜共患 4.植物 5.微生物 6.无 7.不清楚	致病对象包括：1.人 2.动物 3.人畜共患 4.植物 5.微生物 6.无 7.不清楚
18	致病名称	字符型		菌种资源引起的疾病名称及其组织部位
19	传播途径	字符型	1.接触传播 2.空气传播 3.食物传播 4.水传播 5.血液传播 6.其他	传播途径主要包括：1.接触传播 2.空气传播 3.食物传播 4.水传播 5.血液传播 6.其他
20	分离基物	字符型		菌种资源分离基物的具体名称
21	采集地	字符型		分离基物的采集地区和采集地点
22	培养基编号	字符型		菌种资源最适培养基的统一编号
23	培养温度	字符型		菌种资源的最适培养温度
24	基因元器件	字符型		特定用途的载体或核酸片段，包括质粒、F因子、载体、筛选标记基因、启动子、增强子、信号肽基因等
25	图像	字符型		菌种资源的图像记录相对地址名称，即文件夹路径+图像名，图像名为资源编号，如有多张图像应命名为"资源编号-1""资源编号-2"，以此类推，数据汇交时，需要提供对应的图像文件
26	记录地址	字符型		项目承担单位已建设的可对外访问的微生物菌种资源详细信息的网址或数据库记录链接
27	保存单位	字符型		菌种资源保存单位名称，为单位的正式全称
28	资源保藏类型	字符型	1.培养物 2.二元培养物 3.基因 4.其他	菌种资源保存类型：1.培养物 2.二元培养物 3.基因 4.其他
29	保存方法	字符型	1.液氮超低温冻结法 2.-80℃冰箱冻结法 3.真空冷冻干燥法 4.矿物油法 5.定期移植法 6.其他	菌种资源保存方法：1.液氮超低温冻结法 2.-80℃冰箱冻结法 3.真空冷冻干燥法 4.矿物油法 5.定期移植法 6.其他
30	实物状态	字符型	1.有实物 2.无实物	菌种资源实物状态：1.有实物 2.无实物
31	提供形式	字符型	1.斜面培养物 2.冻干物 3.冻结物 4.其他	菌种资源提供形式：1.斜面培养物 2.冻干物 3.冻结物 4.其他

续表

序号	描述符	数据类型	数据限制	说明
32	共享方式	字符型	1.完全开放共享 2.协议共享 3.暂不共享	资源的共享方式
33	获取途径	字符型	1.现场获取 2.邮寄 3.网上订购 4.其他	当共享方式为完全开放共享和协议共享时，需要填写获取途径。获取途径主要有以下方式：1.现场获取 2.邮寄 3.网上订购 4.其他
34	联系人	字符型		联系人姓名
35	单位	字符型		联系人所在单位名称
36	地址	字符型		联系地址
37	邮编	字符型		联系地址的全国统一邮政编码
38	电话	字符型		联系电话号码
39	E-mail	字符型		联系人的邮箱地址

（4）人类遗传资源

人类遗传资源的规范化描述分为标记信息、特征特性信息、图像信息、保存信息、共享信息等 5 类，具体包括资源编号、健康状况、用途、生物安全级别、资源分类等在内的 36 项指标（表 4-17）。其中资源分类编码根据生命科学研究并结合现实保存样本类型进行；用途主要按照资源的采集目的进行划分（科学研究、临床治疗、其他）；生物安全级别以样本的潜在传染性作为划分依据。

表 4-17 人类遗传资源描述规范表

序号	描述符	数据类型	数据限制	说明
1	资源编号	字符型		资源在保存单位的编号
2	样本类型	字符型		按照人类遗传类型进行分类编码 参见附录 2-人类遗传资源样本类型编码表
3	资源归类编码	字符型		国家自然科技资源平台资源分级归类与编码标准中的编码
4	性别	字符型	0.未知性别 1.男性 2.女生 3.两性 4.未说明	选择其中之一
5	健康状况	字符型		按照国家标准 GB/T 2261.3《健康状况代码》
6	资源分类	字符型		根据生命科学研究并结合现实保存样本类型进行分类编码 参见附录 3-人类遗传资源分类编码表

第4章 科技基础性工作数据汇交技术标准

续表

序号	描述符	数据类型	数据限制	说明
7	民族	字符型		按照国家标准GB/T 3304《中国各民族名称罗马字母拼写法和代码》编码
8	籍贯	字符型		按照国家标准GB/T 2260—2002《中华人民共和国行政区划代码》编码
9	出生年月	字符型		人类遗传资源采集对象出生年月（年、月、日）
10	用途	字符型		按照资源的采集目的进行划分（1.科学研究 2.临床治疗 3.其他）
11	血型资料	字符型		按照该样本是否收集血型相关资料进行划分编码
12	流行病学资料	字符型		根据样本采集过程是否纪录流行病学调查方面的资料进行编码
13	诊断资料	字符型		根据研究是否可以提供诊断相关资料进行编码。例如诊断时间、病史资料、检验项目及所对应的检测值对本遗传资源对应的生理病理状况进行编码
14	治疗资料	字符型		根据研究是否可以提供治疗相关资料进行编码。例如治疗方法、治疗药物名称、剂量、疗程等
15	随访资料	字符型		根据研究是否能够提供随访相关的资料进行编码
16	样本采集时间	字符型		样本采集的时间（年、月、日）
17	样本保存期限	字符型		
18	样本保存条件	字符型		按照样本保存的温度进行分类编码
19	家系标本	字符型		按照是否同时采集家系标本进行编码
20	生物安全级别	字符型		依据样本的潜在传染性进行划分
21	其他补充说明	字符型		其他需注明的相关文字信息，提供资源特性的部分信息，如样本处理方法、ATCC号等
22	疾病别名	字符型		给出该疾病的其他名称、叫法
23	图像	字符型		人类遗传资源的图像记录相对地址名称，即文件夹路径+图像名，图像名为资源编号，如有多张图像应命名为"资源编号-1""资源编号-2"，以此类推，数据汇交时，需要提供对应的图像文件

续表

序号	描述符	数据类型	数据限制	说明
24	记录地址	字符型		项目承担单位已建设的可对外访问的生物标本信息网址或数据库记录链接
25	保存单位	字符型		人类遗传资源保存单位名称，为单位的正式全称
26	保存地	字符型		根据实际入网的资源保存地点记录信息
27	成果类别	字符型	1.可用 2.不可用 3.无实物	按照利用该资源所产生的成果进行分类（1.研究实验报告 2.科学数据 3.论文、论著 4.专利 5.实物资源信息）
28	实物状态	字符型		人类遗传资源实物的状态：1.可用 2.不可用 3.无实物
29	共享方式	字符型	1.完全开放共享 2.协议共享 3.暂不共享	资源的共享方式
30	获取途径	字符型	1.现场获取 2.邮寄 3.网上订购 4.其他	当共享方式为完全开放共享和协议共享时，需要填写获取途径。获取途径主要有以下方式：1.现场获取 2.邮寄 3.网上订购 4.其他
31	联系人	字符型		联系人姓名
32	单位	字符型		联系人所在单位名称
33	地址	字符型		联系地址
34	邮编	字符型		联系地址的全国统一邮政编码
35	电话	字符型		联系电话号码
36	E-mail	字符型		联系人的邮箱地址

（5）生物标本资源

生物标本资源的规范化描述分为名称信息、分类信息、产地信息、特征特性信息、图像信息、保存信息、共享信息等7类，具体包括中文名称、属名、生境、标本号、采集地点等在内的37项指标（表4-18）。其中，标本号是指生物标本入库时所赋予的号码或流水号；采集地点具体到县级以下的具体地理位置名称，如安图县白河林业局红石林场高台沟。

表4-18 生物标本资源描述规范表

序号	描述符	数据类型	数据限制	说明
1	中文名称	字符型		标本的中文名称以"三志（《中国动物志》《中国孢子植物志》《中国植物志》）"上的名称为主要依据

第 4 章 科技基础性工作数据汇交技术标准

续表

序号	描述符	数据类型	数据限制	说明
2	属名	字符型		生物标本的拉丁属名
3	种本名/种加词	字符型		生物标本的拉丁种本名/种加词
4	种下名称	字符型		生物标本的种下名称
5	纲名称	字符型		生物标本的拉丁纲名
6	目名称	字符型		生物标本的拉丁目名
7	科名称	字符型		生物标本的拉丁科名
8	资源归类编码	字符型		国家自然科技资源平台资源分级归类与编码标准中的编码
9	国家	字符型		生物标本采集地所属国家名称
10	省	字符型		生物标本采集地所属省份名称
11	采集地点	字符型		生物标本采集地的具体县级以下的地理位置名称,如安图县白河林业局红石林场高台沟
12	经度	字符型		以十进制度的形式填写,保留小数点后四位
13	纬度	字符型		以十进制度的形式填写,保留小数点后四位
14	海拔	字符型		以米为单位,保留小数点后两位
15	描述	字符型		主要(区别)特征/特性的描述
16	生境	字符型		生物标本采集生境
17	寄主	字符型		菌物、无脊椎动物、昆虫和植物的寄主,以及植物的附生和腐生
18	图像	字符型		生物标本的图像记录相对地址名称,即文件夹路径+图像名,图像名为资源编号,如有多张图像应命名为"资源编号-1""资源编号-2"以此类推,数据汇交时,需要提供对应的图像文件
19	记录地址	字符型		项目承担单位已建设的可对外访问的生物标本信息网址或数据库记录链接
20	保存单位	字符型		生物标本的保存单位名称,为单位的正式全称
21	采集人	字符型		生物标本采集人
22	采集时间	字符型		生物标本的采集时间(年、月、日)

续表

序号	描述符	数据类型	数据限制	说明
23	采集号	字符型		采集生物标本时的野外采集编号
24	标本号	字符型		生物标本入库时所赋予的号码/流水号
25	鉴定人	字符型		对该生物标本所属物种名称进行鉴定的人
26	鉴定时间	字符型		对生物标本名称进行鉴定的时间（年、月、日）
27	标本属性	字符型	是与否（缺省为否）	是否为模式标本
28	保藏方式	字符型	1.干制标本 2.玻片标本 3.液浸标本 4.针插标本 5.假剥制标本 6.剥制标本 7.皮张标本 8.骨骼标本 9.头骨标本 10.腊叶标本 11.种子标本 12.木材标本	生物标本保存的方式：1.干制标本 2.玻片标本 3.液浸标本 4.针插标本 5.假剥制标本 6.剥制标本 7.皮张标本 8.骨骼标本 9.头骨标本 10.腊叶标本 11.种子标本 12.木材标本
29	实物状态	字符型	1.完整 2.受损 3.严重受损 4.无实物	生物标本实物的状态：1.完整 2.受损 3.严重受损 4.无实物
30	共享方式	字符型	1.完全开放共享 2.协议共享 3.暂不共享	
31	获取途径	字符型	1.现场获取 2.邮寄 3.网上订购 4.其他	当共享方式为完全开放共享和协议共享时，需要填写获取途径。获取途径主要有以下方式：1.现场获取 2.邮寄 3.网上订购 4.其他
32	联系人	字符型		联系人姓名
33	单位	字符型		联系人所在单位名称
34	地址	字符型		联系地址
35	邮编	字符型		联系地址的全国统一邮政编码
36	电话	字符型		联系电话号码
37	E-mail	字符型		联系人的邮箱地址

（6）岩矿化石资源

岩矿化石资源的标准化描述分为名称信息、分类信息、产地信息、特征特性信息、图像信息、保存信息、共享信息等7类，具体包括中文名称、外文名称、采集地点、主要用途、地质产状或层位、描述等在内的31项指标（表4-19）。其中地质层状或层位是指矿物、岩石、矿石标本的产出状态，化石是指产出层位；特征特性是对岩矿化石标本的特征、特性等的简要概括。

第 4 章　科技基础性工作数据汇交技术标准

表 4-19　岩矿化石资源描述规范表

序号	描述符	数据类型	数据限制	说明
1	中文名称	字符型		矿物、岩石、矿石及化石标本的中文名称
2	外文名称	字符型		矿物、岩石、矿石为英文名称，化石标本为拉丁文名称
3	资源归类编码	字符型		国家自然科技资源平台资源分级归类与编码标准中的编码
4	采集地点	字符型		岩矿化石标本采集地的具体省级以下的地理位置名称，如贵溪市冷水坑下鲍矿区-120m 中段 132 勘探线
5	省	字符型		岩矿化石标本采集地所属省份名称
6	国家	字符型		岩矿化石标本采集地所属国家名称
7	经度	字符型		以十进制度的形式填写，保留小数点后 4 位
8	纬度	字符型		以十进制度的形式填写，保留小数点后 4 位
9	海拔	字符型		以米为单位，保留小数点后 2 位
10	资源形成时代	字符型		资源形成地质年代
11	地质产状或层位	字符型		矿物、岩石、矿石标本的产出状态，化石指产出层位
12	主要用途	字符型	1.工业原料 2.药用 3.建材 4.科学研究 5.观赏及其他	岩矿化石资源的主要用途。包括：1.工业原料 2.药用 3.建材 4.科学研究 5.观赏及其他
13	特征特性	字符型		岩矿化石标本主要特征、特性等
14	图像	字符型		岩矿化石标本的图像记录相对地址名称，即文件夹路径+图像名，图像名为资源编号，如有多张图像应命名为"资源编号-1""资源编号-2"，以此类推，数据汇交时，需要提供对应的图像文件
15	记录地址	字符型		项目承担单位已建设的可对外访问的岩矿化石标本信息网址或数据库记录链接
16	保存单位	字符型		岩矿化石标本的保存单位名称，为单位的正式全称
17	资源提供者	字符型		岩矿化石标本的提供者
18	资源提供时间	字符型		资源提供具体时间（包括年、月、日）
19	采集号	字符型		采集岩矿化石标本时的野外采集编号

续表

序号	描述符	数据类型	数据限制	说明
20	标本编号	字符型		岩矿化石标本入库时所赋给的号码/流水号
21	库存位置号	字符型		岩矿化石标本在标本库中的编号
22	保存资源类型	字符型	1.标本 2.薄片 3.光片 4.模型（具） 5.其他	保存的岩矿化石标本的类型。包括：1.标本 2.薄片 3.光片 4.模型（具）5.其他
23	实物状态	字符型	1.完整 2.受损 3.严重受损 4.无实物	岩矿化石标本实物的状态。1.完整 2.受损 3.严重受损 4.无实物
24	共享方式	字符型	1.完全开放共享 2.协议共享 3.暂不共享	资源的共享方式
25	获取途径	字符型	1.现场获取 2.邮寄 3.网上订购 4.其他	当共享方式为完全开放共享和协议共享时，需要填写获取途径。获取途径主要有以下方式：1.现场获取 2.邮寄 3.网上订购 4.其他
26	联系人	字符型		联系人姓名
27	单位	字符型		联系人所在单位名称
28	地址	字符型		联系地址
29	邮编	字符型		联系地址的全国统一邮政编码
30	电话	字符型		联系电话号码
31	E-mail	字符型		联系人的邮箱地址

（7）实验材料资源

实验材料资源规范化描述分为名称信息、来源信息、特征特性信息、图像信息、保存信息、共享信息等6类，具体包括中英文名称、培育年份、机构、来源、主要特性、用途、理化指标等在内的33项指标（表4-20）。其中培育年份是指动物、细胞以及微生物培养基等的研制成功年份，以年、月、日作为格式；来源指该资源最近一次引进的单位以及时间。

表4-20 实验材料资源描述规范

序号	描述符	数据类型	数据限制	说明
1	中文名称	字符型		实验材料资源的中文名称
2	外文名	字符型		国外引进实验材料的外文名（引用顺序：英文、资源原产国或拉丁文）；国内引进实验材料的汉语拼音或通用英文名称
3	研制培育机构	字符型		每种实验材料的原研制或培育机构（人）

|第 4 章| 科技基础性工作数据汇交技术标准

续表

序号	描述符	数据类型	数据限制	说明
4	研制培育年份	字符型		实验动物：品种、品系培育成功年份 实验细胞：细胞建株成功年份 微生物培养基：研制成功年份 格式为（年、月、日）
5	来源	字符型		该资源最近一次引进的单位以及时间
6	资源归类编码	字符型		国家自然科技资源平台资源分级归类与编码标准中的编码
7	代数	字符型		实验动物或实验细胞的繁殖代数
8	主要特性	字符型	实验动物：1.常用动物 2.模型动物 3.基因突变动物 4.遗传修饰动物 5.其他 实验细胞：1.贴壁生长 2.悬浮生长 微生物培养基：1.液体 2.流体 3.半固体 4.固体	实验动物：1.常用动物 2.模型动物 3.基因突变动物 4.遗传修饰动物 5.其他 实验细胞：1.贴壁生长 2.悬浮生长 微生物培养基：1.液体 2.流体 3.半固体 4.固体
9	主要用途	字符型	实验动物：1.研究 2.生产 3.检定 4.教学 实验细胞：1.研究 2.生产 微生物培养基：1.研究 2.生产 3.检测 4.教学	实验动物：1.研究 2.生产 3.检定 4.教学 实验细胞：1.研究 2.生产 微生物培养基：1.研究 2.生产 3.检测 4.教学
10	微生物质控	字符型		实验动物：1.普通级 2.清洁级 3.SPF 级 4.无菌级 实验细胞：无外源微生物污染（具体描述质控微生物） 微生物培养基：针对每一种培养基确定质控微生物的菌株及指标
11	遗传特征	字符型	实验动物：1.近交系 2.远交群 3.基因突变系 4.遗传修饰系 5.其他 实验细胞：1.原代培养细胞 2.有限细胞系 3.连续细胞系	实验动物：1.近交系 2.远交群 3.基因突变系 4.遗传修饰系 5.其他 实验细胞：1.原代培养细胞 2.有限细胞系 3.连续细胞系 微生物培养基：空项
12	组织器官来源	字符型	实验细胞：1.正常组织 2.肿瘤组织 3.其他	实验细胞：1.正常组织 2.肿瘤组织 3.其他 实验动物：空项 微生物培养基：空项
13	理化指标	字符型	实验动物：1.体型 2.体重（成年动物的正常体重）3.毛色 4.其他 实验细胞：1.遗传标志 2.免疫标志 3.生化特性	微生物培养基：1.性状 2.pH 3.凝胶强度 4.澄清度 5.色泽 6.干燥失重 7.其他 实验动物：空项 实验细胞：空项

科技基础性工作数据汇交与整编模式、标准

续表

序号	描述符	数据类型	数据限制	说明
14	特征特性	字符型		实验动物:1.体型 2.体重(成年动物的正常体重)3.毛色 4.其他 实验细胞:1.遗传标志 2.免疫标志 3.生化特性 微生物培养基:空项
15	图像	字符型		实验材料资源的图像记录相对地址名称,即文件夹路径+图像名,图像名为资源编号,如有多张图像应命名为"资源编号-1""资源编号-2",以此类推,数据汇交时,需要提供对应的图像文件
16	记录地址	字符型		项目承担单位已建设的可对外访问的生物标本信息网址或数据库记录链接
17	保存单位	字符型		实验材料资源保存单位名称,为单位的正式全称
18	单位编号	字符型		实验材料在保存单位内的编号
19	库编号	字符型		实验材料在保存单位资源库内的编号
20	引种号	字符型		实验材料从国外引种时的编号
21	保存资源类型	字符型	实验动物:1.活体动物 2.胚胎 3.受精卵 4.精子 5.卵子 实验细胞:1.二倍体细胞 2.永生化细胞 3.肿瘤细胞 4.杂交瘤细胞 5.干细胞 6.其他 微生物培养基:1.干粉 2.新鲜(即用型)	实验动物:1.活体动物 2.胚胎 3.受精卵 4.精子 5.卵子 实验细胞:1.二倍体细胞 2.永生化细胞 3.肿瘤细胞 4.杂交瘤细胞 5.干细胞 6.其他 微生物培养基:1.干粉 2.新鲜(即用型)
22	保存方式	字符型	实验动物:1.冷冻保存 2.活体繁殖 实验细胞:1.冷冻 2.活细胞 微生物培养基:1.瓶装 2.一次性包装	实验动物:1.冷冻保存 2.活体繁殖 实验细胞:1.冷冻 2.活细胞 微生物培养基:1.瓶装 2.一次性包装
23	保存条件	字符型	实验动物:1.普通环境 2.屏障环境 3.隔离环境 4.冷冻实验细胞: 液氮(-196℃)2.其他(具体描述) 微生物培养基:1.低温 2.常温 3.避光 4.干燥	实验动物:1.普通环境 2.屏障环境 3.隔离环境 4.冷冻 实验细胞:1.液氮(-196℃)2.其他(具体描述) 微生物培养基:1.低温 2.常温 3.避光 4.干燥
24	实物状态	字符型	1.有实物 2.不可用 3.无实物	实验材料资源实物状态:1.有实物 2.不可用 3.无实物
25	共享方式	字符型	1.完全开放共享 2.协议共享 3.暂不共享	资源的共享方式
26	获取途径	字符型	1.现场获取 2.邮寄 3.网上订购 4.其他	当共享方式为完全开放共享和协议共享时,需要填写获取途径。获取途径主要有以下方式:1.现场获取 2.邮寄 3.网上订购 4.其他

第4章 科技基础性工作数据汇交技术标准

续表

序号	描述符	数据类型	数据限制	说明
27	运输条件	字符型	1.保温 2.常温 3.通风换气 4.等级包装箱 5.其他	运输条件：1.保温 2.常温 3.通风换气 4.等级包装箱 5.其他
28	联系人	字符型		联系人姓名
29	单位	字符型		联系人所在单位名称
30	地址	字符型		联系地址
31	邮编	字符型		联系地址的全国统一邮政编码
32	电话	字符型		联系电话号码
33	E-mail	字符型		联系人的邮箱地址

（8）标准物质

标准物质的规范化描述分为名称信息、研制信息、特征特性信息、图像信息、保存信息、共享信息等6类，具体包含中英文名称、规格、保存条件、中英文证书封面等在内的30项指标（表4-21）。其中规格是指标准物质的最小单元的重量；中英文证书封面是指其封面图像记录的相对地址名称，数据汇交时，需要提供对应的图像文件。

表4-21 标准物质描述规范表

序号	描述符	数据类型	数据限制	说明
1	中文名称	字符型		标准物质资源的中文名称
2	英文名称	字符型		标准物质资源的英文名称
3	资源归类编码	字符型		国家自然科技资源平台资源分级归类与编码标准中的编码
4	研制单位名称	字符型		标准物质研制单位名称
5	国家	字符型		标准物质研制单位所属国家名称
6	省	字符型		标准物质研制单位所属省份名称
7	研制单位地址	字符型		标准物质研制单位的地址
8	标准物质分类	字符型	1.化学成分 2.物理特性与物理化学特性 3.工程技术特性 4.生物化学和生物工程学	标准物质分为四大类，包括：1.化学成分 2.物理特性与物理化学特性 3.工程技术特性 4.生物化学和生物工程学
9	研制负责人	字符型		标准物质研制负责人
10	特征形态	字符型	1.气态 2.液态 3.固态	标准物质的物理形态，包括：1.气态 2.液态 3.固态
11	标准值	字符型		标准物质的标准值

续表

序号	描述符	数据类型	数据限制	说明
12	基体	字符型		标准物质的基体
13	不确定度	字符型		标准物质的不确定度
14	规格	字符型		标准物质最小包装单元重量
15	保存条件	字符型		标准物质保存条件
16	使用注意事项	字符型		标准物质使用注意事项
17	图像	字符型		标准物质的图像
18	记录地址	字符型		标准物质的图像记录相对地址名称，即文件夹路径+图像名，图像名为资源编号，如有多张图像应命名为"资源编号-1""资源编号-2"，以此类推，数据汇交时，需要提供对应的图像文件
19	保存单位	字符型		标准物质的保存单位名称，为单位的正式全称
20	库编号	字符型		标准物质资源在标准物质库中的编号
21	标准物质中文证书封面	字符型		标准物质中文证书封面图像记录相对地址名称（数据汇交时，需要提供对应的图像）
22	标准物质英文证书封面	字符型		标准物质英文证书封面图像记录相对地址名称（数据汇交时，需要提供对应的图像）
23	共享方式	字符型	1.完全开放共享 2.协议共享 3.暂不共享	资源的共享方式
24	获取途径	字符型	1.现场获取 2.邮寄 3.网上订购 4.其他	当共享方式为完全开放共享和协议共享时，需要填写获取途径。获取途径主要有以下方式：1.现场获取 2.邮寄 3.网上订购 4.其他
25	联系人	字符型		联系人姓名
26	单位	字符型		联系人所在单位名称
27	地址	字符型		联系地址
28	邮编	字符型		联系地址的全国统一邮政编码
29	电话	字符型		联系电话号码
30	E-mail	字符型		联系人的邮箱地址

4.4 科技基础性工作数据资料说明文档编制规范

科技基础性工作数据资料说明文档编制是对基础性工作产生的科学数据、图

第4章 科技基础性工作数据汇交技术标准

集标准规范的内容、特性、产生方式和使用方法的详细说明。通过数据说明文档能为后续更好地开展数据整编、数据的对外共享与利用等相关工作奠定基础。根据科技基础性工作数据资源的实际情况,将数据资料说明文档编制规范分为科学数据与图集说明文档和标准规范编制说明,如图 4-3 所示。

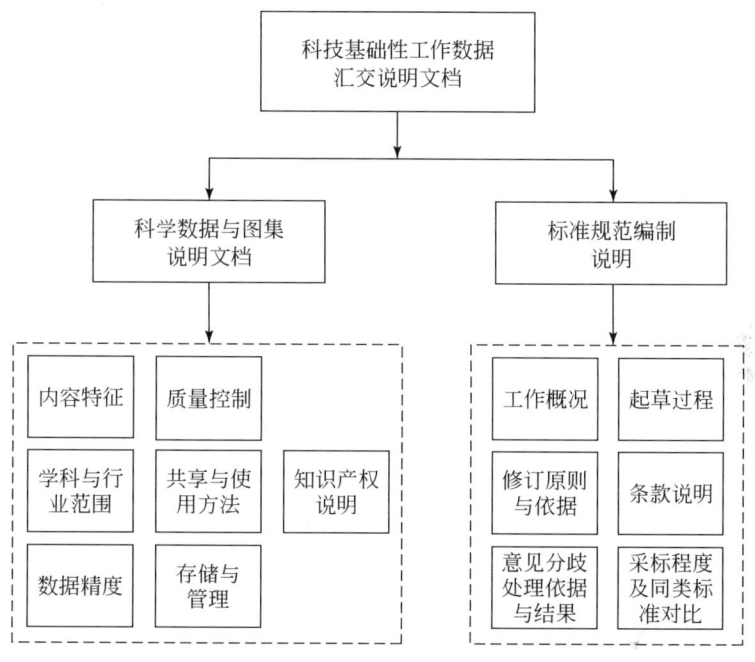

图 4-3　科技基础性工作数据汇交说明文档

4.4.1　科学数据与图集说明文档编制

科学数据与图集的说明文档主要从内容特征、质量控制、学科与行业范围、共享与使用方式、数据精度、存储与管理以及知识产权说明等方面进行编制。

（1）内容特征

内容特征主要包含内容摘要、要素项、时间范围、空间范围等 4 部分,其中,内容摘要是对数据集或图集的内容、基本特征、产生方式等的概述;要素项以表格的形式说明数据集和图集内容包含的具体要素项（字段内容）以及每个要素项的量纲（度量单位）,若要素项取值为代码时,需给出字典表,说明相应代码含义。此外,如果数据和图集有多个数据文件（图层、图组）时,应对每个数据文件（图层、图组）的要素项进行说明（表 4-22）。

表 4-22　数据要素项内容说明

数据文件名称	要素项（字段）	字段中文名称	字段度量单位	字段代码说明	备注

（2）学科与行业范围

该部分中的学科和行业范围以《学科分类与代码国家标准》（GB/T13745—2009）、《国民经济行业分类》（GB/T 4754—2017）作为依据，分别描述数据集和图集所属的学科和行业范围，一般要求划分到学科和行业分类的二级，也可详细到三级分类。

（3）数据集精度

数据集精度包含时间频度、空间基准、空间比例尺/分辨率和粒度等相关内容。其中，时间频度主要有多年平均、年均、月均、日均、逐年、逐月、逐日或逐小时等；空间基准主要包括数据的坐标系、投影方式以及高程系等；空间精度指矢量空间数据的比例尺和栅格数据的分辨率；空间粒度包括洲、国家、省、县、站点等。

（4）存储与管理

该部分主要描述数据量、类型格式以及更新管理等相关内容。其中，数据量是对数据的容量大小（以 MB 为单位）或记录条数（针对监测数据或表格数据）等的描述；类型格式包括数据集和图集的存储介质、结构类型及其具体的格式与版本；更新管理主要是对数据集的更新计划进行说明，若存在更新，则需要指明更新频度、负责方等相关信息。

（5）质量控制

该部分包括数据生产方式、数据源、数据采集与加工方法等内容的说明。生产方式需要区分原始数据和二次加工数据，分别对其进行阐述。数据源说明针对收集、购置、交换与共享所获得的原始数据以及通过加工处理方式所生产的数据，描述数据源的出处、原始数据的精度及其适用范围等情况；若该数据集为第一手观测数据时，不需要填"数据源"，直接注明为"自主生产"。数据采集与加工方法具体包括采集、监测、测试过程中所使用的仪器设备与遵循的标准规范及方法，加工处理、计算模拟等使用的方法、模型或软件工具，以及误差控制方法等；若该数据集为收集来的数据或购置数据时，不需要填此项，直接注明为"收集或购置数据，未经加工处理"。

(6) 共享与使用方法

该部分包括数据集和图集的共享方式、共享服务联系方式以及使用条件、方法等。其中，使用的条件、方法具体是对数据集使用时需要的环境条件、必要的软件工具、硬件设备以及操作步骤、方法或注意事项等的描述。

(7) 知识产权说明

该部分包含数据集和图集的产权归属信息、产权人联系方式、使用声明以及引用方式等内容。其中，使用声明是指要求使用者在研究成果正文中标识对数据集和图集的使用；引用方式是指要求使用者在研究成果参考文献中以引用的方式标识对数据集和图集的使用或要求使用者引用与数据集和图集相关的已发表论文或出版的专著。

使用声明建议采用如下方式：本研究使用了〈数据集/图集名称〉，该数据来源于科技基础性工作专项"〈项目名称（编号）〉"；引用方式建议采用如下方式：〈数据集/图集产权人姓名〉（可以多个，按贡献大小排序，中间用","隔开）.〈单位名称〉（可以多个，按贡献大小排序，中间用","隔开）.〈数据集/图集名称〉.〈产生时间〉。实际编写时"〈〉"处用具体值替代。

4.4.2 标准规范编制说明

标准规范编制说明主要从标准规范的工作概况、起草过程、制修订原则与依据、条款说明、意见分歧处理依据与结果，以及采标程度与同类标准对比等方面进行，其具体如下。

1) 工作概况，对任务来源、起草单位、写作单位、主要起草人等基本信息的描述。

2) 起草过程，以综合性叙述方式，详细阐述如资料收集、调研、试验、论证、拟稿、征求意见、整理送审等主要起草过程。

3) 修订原则与依据，详细说明该标准制修订所遵循的原则与依据，及其与现行法律、法规、标准的关系。

4) 主要条款的说明，对技术指标、参数、公式、性能要求、试验方法、检验规则等相关内容进行描述。若该标准需要修订时，应增加新旧标准水平的对比，并提供试验（验证）的分析、综述报告。

5) 意见分析处理依据与结果，详细说明征求多少家单位的意见，并指出这些意见的处理依据与结果。

6) 采标程度与同类标准水平的对比，该部分为选填项，若无，可直接删除。若采用国际标准或国外先进标准的，需对采标程度，以及国内外同类标准水平进行详细的对比说明。

4.5 科技基础性工作数据文件整理规范

科技基础性工作数据文件整理通过统一的标准化数据目录，将原先散乱的数据文件进行系统化、规范化的梳理，从而使数据审核与验收工作得以有序进行。科技基础性工作数据文件的整理按照顶层文件夹、子文件夹和数据文件三部分组织，如图 4-4 所示。

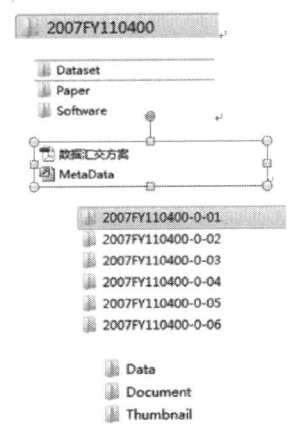

图 4-4　科技基础性工作数据文件组织

（1）顶层文件夹

科技基础性工作数据资料一般以 U 盘、光盘、硬盘的形式汇交。若以 U 盘的形式汇交，则 U 盘名称以项目编号命名，根目录以项目编号的顶层文件夹开始；若以光盘、硬盘的形式汇交，则光盘封面或硬盘表面应注明：项目编号+"-"+硬盘或光盘序号，如 2007FY110400-01，2007FY110400-02，每个硬盘或每张光盘根目录下都是以项目编号命名的顶层文件夹开始，同一数据集的数据文件放到同一个硬盘或同一张光盘中。

（2）子文件夹

在顶层文件夹下，建立"Dataset""Paper""Software"三个文件夹，分别代表"汇交数据""论文专著""辅助软件"。其中"Dataset"文件夹下，每条元数据对应建立一个子文件夹，子文件夹以元数据资源标识命名；在每个子文件夹下，下设"Data""Document""Thumbnail"三个文件夹，分别表示"数据"、"文档"和"缩略图"。

第 4 章 科技基础性工作数据汇交技术标准

（3）数据文件组织

所有文件夹建立完成之后，对数据进行组织。首先将在线生成的 PDF 版项目科学数据汇交方案和 Metadata.mdb（在线自动生成）放入顶层文件夹内；然后将每条元数据对应的实体数据、数据文档、缩略图分别放入以元数据标识命名的子文件夹下的"Data""Document""Thumbnail"三个文件夹内；Paper 文件夹下则存放反映论文专著目录的"paperList"文件以及所有专著、论文电子版 PDF 格式文件；最后在"Software"文件夹中，放置辅助的软件工具，如果没有辅助的软件工具，则该文件夹为空。如果只有一个软件工具，直接将软件工具及相应的说明文档拷贝到"Software"文件夹下；如果有多个，则以工具软件名称命名创建对应的子文件夹，每个子文件夹下，放置对应的辅助工具执行程序或安装程序及其软件工具手册。"软件工具手册"应说明软件工具的运行、安装环境、初始化设置，以及软件工具的操作步骤及注意事项。

第 5 章 科技基础性工作数据整编技术标准

为了更好地利用和挖掘分析基础性工作汇交的所有数据资料，必须对其进行规范化的整编。通过规范化整编能够打破项目、区域、学科之间的壁垒，实现以"领域-要素-属性"为主线的不同项目、不同承担单位数据资料的融合集成，从而提升和促进基础性工作数据资料的使用价值。根据数据集成整编的先后顺序，本章详细介绍了分类编码、数据库设计、数据集成整编、质量控制与评价、数据编目等 5 个方面的技术标准与要求。

5.1 科技基础性工作数据资料分类与编码标准

5.1.1 分类与编码原则

1. 分类原则

科技基础性工作数据资料种类较多，为便于数据汇交、整编等相关工作的开展，需要对数据资料进行详细分类，其分类应遵循科学性与实用性相结合、完整性与独立性相结合、兼容性与可扩展性相结合等原则。

（1）科学性与实用性相结合

按照科技基础性工作专项数据资料学科领域、内容特征及其存在的逻辑关联作为分类的科学依据。同时，从便于信息资源归类、利用服务和统计分析的角度，保证分类的实用性。

（2）完整性与独立性相结合

分类应做到体系完整，不遗漏重要信息。同时，要按照共轭性的要求，做到类间最大差异性和类内最大相似性，分类不能互相重叠、交叉，要保持类别的独立性。

第5章 科技基础性工作数据整编技术标准

（3）兼容性与可扩展性相结合

分类要能够兼容国内外已有的相关分类体系，实现已有工作成果向科技基础性工作专项数据资料分类的转换。同时，要充分考虑科技基础性工作的发展，在类目扩展上预留空间，保证分类体系的弹性，可根据需要在本分类体系上进行扩展和细化，但扩展时不能删除原有的分类，且不能与原有分类存在重复、重叠以及冲突与语义分歧。

2. 编码原则

科技基础性工作数据资料编码是对每一个数据集赋予一个唯一、独立且能表达数据类型与要素特征含义的代码。通过对数据资料进行编码，能够保证数据集在整合集成、转换处理和共享交换中的唯一性和可追溯性，方便数据的管理，提高数据的使用效率。科技基础性工作数据资料编码应遵循唯一性、稳定性以及可扩充性等3项原则。

（1）唯一性

在同一个分类体系中，每一个科技基础性工作专项数据资料类目应有且仅有一个代码，并避免代码的重复，保证代码的唯一性。

（2）稳定性

代码尽量保持无含义性，独立于数据资料的管理部门存储结构与管理模式，以便保证代码的稳定性。

（3）可扩充性

代码应能够适应分类体系的扩展，留有适当的后备容量，明确扩充规则，以适应科技基础性工作数据资料的不断发展。

5.1.2 分类与编码方法

1. 分类方法

科技基础性工作数据资料分类遵循《信息分类和编码的基本原则与方法》（GB/T 7027—2002）的规定，采用混合分类法。分类类目编码使用的罗马字符和阿拉伯数字遵循《信息技术中文编码字符集》（GB 18030—2005）的规定。分类包含两个部分：第一部分是数据资料类型，第二部分是数据资料要素特征分类。

第一部分：基础性工作专项数据资料类型，包括科学数据、志书/典籍、自然科技资源、计量基标准、标准规范、文献资料6种类型。

第二部分：基础性工作专项数据资料要素特征分类，从对象要素以及属性特征的角度，对数据资料进一步分类。

2. 分类扩展方法

科技基础性工作数据资料还可对分类部分以及每部分的内部分类进行扩展。每部分扩展时应按照各部分的编码方法进行扩展。扩展时不能够删除原有的分类，不能与原有的分类重复或重叠，不能与原有的分类有冲突和语义歧异。

3. 编码方法

依据前述的混合分类方法，科技基础性工作专项数据资料编码由3部分构成：一是数据类型编码，二是要素特征编码，三是扩展码。3部分间用"-"隔开，其代码结构如图5-1所示。数据类型编码5位，要素特征编码11位（不足11位的后面补"0"），扩展码视需要确定。

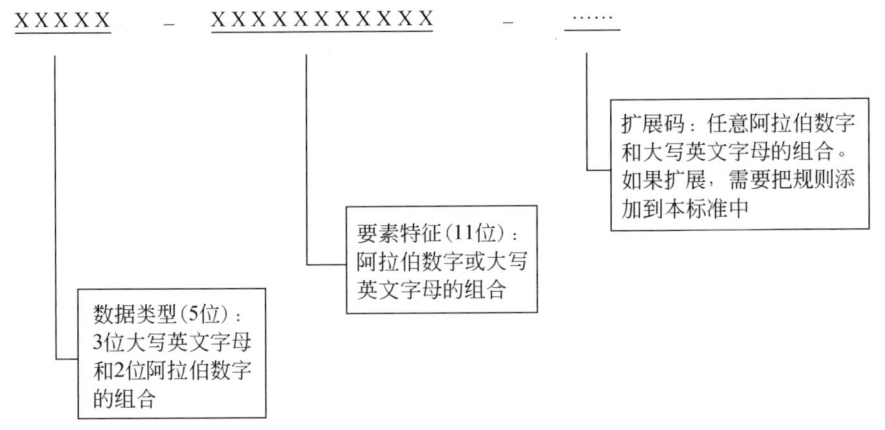

图 5-1 分类代码结构

（1）数据类型编码

科技基础性工作数据资料类型编码由一级类和二级类两部分组成，其中一级类用3位大写英文字母表示；二级类用2位阿拉伯数字表示。其详细分类与对应编码如表5-1所示。

表 5-1 科技基础性工作数据资料类型分类编码

一级类名称及编码	二级类名称及编码	备注
科学数据（DAT）	非空间数据（11）、空间数据（21）、其他（99）	基于空间数据整编形成的图集归为文献资料
志书/典籍（REC）	志书（11）、典籍（21）、其他（99）	

第5章 科技基础性工作数据整编技术标准

续表

一级类名称及编码	二级类名称及编码	备注
自然科技资源（RES）	植物种质资源（11）、动物种质资源（13）、微生物菌种（15）、人类遗传资源（17）、生物标本资源（21）、岩矿化石资源（23）、实验材料资源（31）、标准物质（33）、其他（99）	标准物质属于计量基准（化学部分）。为了与"自然科技资源分类体系"保持一致，仍然将标准物质放在自然科技资源类
计量基标准（物理部分）（BAS）	计量基准（11）、计量标准（21）	
标准规范（STD）	国际标准（11）、地区标准（21）、国家标准（31）、行业标准（41）、地方标准（51）、企业标准（61）、其他（99）	
文献资料（DOC）	地图图集（11）、专著（21）、论文（31）、考察/调研/测试分析/研究报告（41）、图片音像视频等多媒体资料（51）、其他（99）	
其他（OTH）		

（2）要素特征编码

科技基础性工作要素特征编码以数据资料要素特征作为最小编码单元，并考虑到其中计量标准、标准规范以及自然科技资源中各有其不同的要素划分依据，因此，将要素特征编码分成①科学数据、志书典籍、文献资料要素特征编码；②自然科技资源要素特征编码；③计量基标准要素特征编码；④标准规范要素特征编码等四类。

1) 科学数据、志书/典籍、文献资料要素特征编码共包含五级分类，11位编码：①一级分类（3位数字），②二级分类（5位数字），③三级分类（7位数字），④四级分类（9位数字），⑤五级分类（11位数字）。前三级分类依据《学科分类与代码》（GB/T 13745—2009），分别对应一级学科分类、二级学科分类、三级学科分类。四级分类为学科研究对象或要素分类，五级分类为研究对象或要素属性特征组合分类。当三级学科过大，没有到研究对象或要素层面时，如"自然地理学"学科分类，包含了冰川、冻土、沙漠等众多自然地理研究对象，此时可以进一步扩展到四级分类编码。四级分类编码以"10"开始，逐级递增"5"。在四级分类的基础上，可进一步根据要素属性特征扩展到五级分类编码。五级分类编码以"10"开始，逐级递增"5"。表5-2为地理学领域要素特征编码示例（完整编码见附表1）。

表 5-2 科学数据、志书/典籍、文献资料要素特征分类编码示例

一级类名称	编码	二级类名称	编码	三级类名称	编码	四级类名称	编码	五级类名称	编码
地球科学	170	地理学	17045	自然地理学	1704510	地理区划	170451010		
						地形地貌	170451015		
						土地利用/覆被	170451020		
						冰川	170451025		
						冻土	170451030		
						沙漠	170451035		
						岩溶	170451040		
						……	……		
				人文地理学	1704520	区域地理	170452010		
						城市地理	170452015		
						旅游地理	170452020		
						世界地理	170452025		
						……	……		
				地理学其他学科	1704599				

2）自然科技资源要素特征编码依据《自然科技资源分级归类与编码》（曹一化等，2006），共包含五级分类，11 位编码：①大类（2 位数字），②小类（4 位数字），③一级类（6 位数字），④二级类（8 位数字），⑤三级类（11 位数字）。在实际应用中，一般到《自然科技资源分级归类与编码》中的一级分类编码，也可根据需要，细化到《自然科技资源分级归类与编码》中的二级或三级分类编码。表 5-3 为自然科技资源中动植物种质资源特征分类编码示例（完整编码见附表 2）。

表 5-3 自然科技资源特征分类编码示例

大类名称	编码	小类名称	编码	一级类名称	编码	二级类名称	编码	三级类名称	编码
植物种质资源	11	农作物	1111	粮食作物	111111	稻类	11111111	栽培稻	11111111101
						……	……	……	……
				纤维作物	111113	……			
				油料作物	111115	……			
				蔬菜	111117	……			
				果树	111119	……			

第 5 章 科技基础性工作数据整编技术标准

续表

大类名称	编码	小类名称	编码	一级类名称	编码	二级类名称	编码	三级类名称	编码
植物种质资源	11	农作物	1111	花卉	111121	……			
				糖烟茶桑	111123	……			
				牧草绿肥		……			
				热带作物		……			
		林木	1113	……	……	……			
		药用植物	1115	……	……	……			
		野生植物	1117	……	……	……			
动物种质资源	13	畜禽	1311	……	……	……			
		特种经济动物	1313	……	……	……			
		水生动物	1315	……	……	……			
		经济昆虫	1317	……	……	……			
		寄生虫	1319	……	……	……			

3）计量基标准要素特征编码依据《国家计量专业项目分类表》（2013 版），共包含三级分类，6 位编码：①一级类编码为 2 位数字，②二级类编码为 4 位或 6 位数字（4 位编码表示该二级分类还有三级分类；6 位编码最后 2 位为"00"，表示此二级分类没有三级分类），③三级类编码为 6 位数字。表 5-4 为部分计量基标准示例（完整编码见附表 3）。

表 5-4 计量基标准要素特征分类编码示例

一级类名称	编码	二级类名称	编码	三级类名称	编码
长度	01	激光波长	010100	/	/
		量块	0102	2 等量块及以上	010201
				3 等量块及以下	010202
		线纹	0103	……	……
		角度	010400	/	/
		直线度和平面度	0105	……	……
		表面精糙度	010600	/	/

续表

一级类名称	编码	二级类名称	编码	三级类名称	编码
长度	01	万能量具	0107	……	……
		长度通用测量仪器	0108	……	……
		齿轮测量	0109	……	……
		螺纹测量	0110	……	……
		轴承测量	011100	/	/
		测绘仪器及检定装置	0112	测绘仪器检定装置	011201
				测绘仪器	011202
		长度其他测量仪器	0113	……	……
力学	02	质量	0201	天平	020101
				砝码	020102
		衡器	0202	……	……
		容量	0203	……	……
		密度	020400	/	/
		力值	0205	……	……
		扭矩	020600	/	/
		动态力	020700	/	/
		硬度	0208	……	……
		振动	0209	……	……
		冲击	0210	……	……
		转速	0211	……	……
		惯性	0212	……	……
		机动车测速	0213	……	……
		流量	0214	……	……
		真空	0215	……	……
		压力	0216		

注：/表示无编码

4）标准规范要素特征编码依据《中国标准文献分类法》，共包含三级分类，6位编码：①一级类编码为1位英文大写字母，②二级类编码为6位（1位英文字母、4位数字和"/"的混合，其中："/"前后的数字表示该二级类往下的三级类的起止编码），③三级类编码为3位（1位英文字母和2位数字的混合）。表5-5

第5章 科技基础性工作数据整编技术标准

为标准规范要素特征分类编码示例(完整编码见附表4)。

表 5-5 标准规范要素特征分类编码示例

一级类名称	编码	二级类名称	编码	三级类名称	编码
综合	A	标准化管理与一般规定	A00/09	标准化、质量管理	A00
				……	……
		经济、文化	A10/19	商业、贸易、合同	A10
				……	……
		基础标准	A20/39	综合技术	A20
				……	……
		基础学科	A40/49	基础学科综合	A40
				……	……
		计量	A50/64	计量综合	A50
				……	……
		标准物质	A65/74	金属化学成分标准物质	A65
				……	……
		测绘	A75/79	测绘综合	A75
				大地、海洋测绘	A76
				摄影与遥感测绘	A77
				精密工程与地籍测绘	A78
				地图制印	A79
		标志、包装、运输、贮存	A80/89	标志、包装、运输、贮存综合	A80
				……	……
		社会公共安全	A90/94	社会公共安全综合	A90
				……	……
农业、林业	B	农业、林业综合	B00/09	……	……
		土壤与肥料	B10/14		
		植物保护	B15/19		
		经济作物	B30/39		
		畜牧	B40/49		
		水产、渔业	B50/59		
		林业	B60/79		
		农、林机械与设备	B90/99		
……	……	……	……	……	……

5.2 科技基础性工作数据库设计规范

5.2.1 科技基础性工作数据库设计总体流程

科技基础性工作数据库设计包括经过需求分析、概念模型设计、逻辑模型设计、物理设计、测试修改和数据字典编写六大阶段。每一阶段都是对前一阶段成果的检验,对于发现的任何错误或偏差需要及时的评估,并进行相应的修正完善,其流程具体如图 5-2 所示。

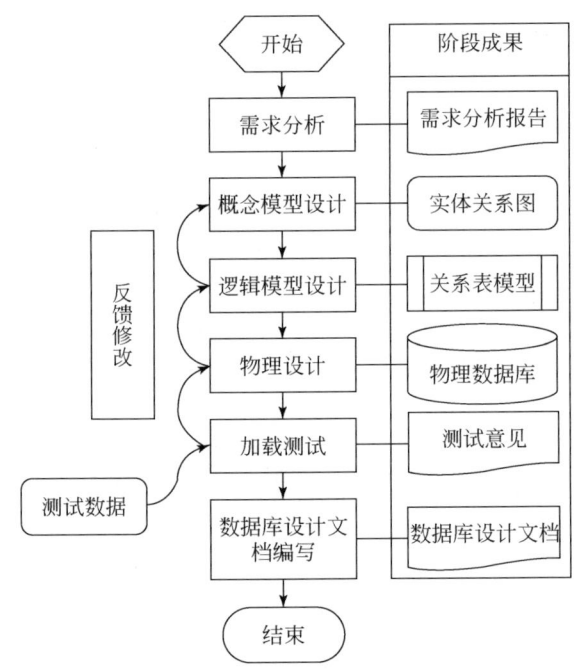

图 5-2 科技基础性工作数据库设计总体流程

1)需求分析。通过开展数据库用户、应用需求、数据资源现状等的需求分析,掌握数据实体及其相互之间的关系,数据流转过程等,绘制出数据流程图,形成需求调研报告。

2)概念模型设计。根据需求分析,利用本体论,分析领域概念及其核心属性、概念实例,以及概念与概念的关系。将本体转化为实体关系模型,绘制出实体关系图,即 E-R 模型。

3）逻辑模型设计。基于某一特定的数据库管理系统，将概念模型设计的 E-R 模型转换为数据模型，确定实体表及其表字段的标识符、类型、长度、精度等以及表与表之间的主外键关系。

4）物理设计。针对选定的数据库管理系统和硬件系统，进行物理存储安排，建立数据库表，设计索引。

5）加载测试。录入测试数据，编写数据存取模式，对设计完成的数据库进行测试和修改。

6）数据字典编写。数据库设计完成后，需要编写数据库设计说明书。

5.2.2 科技基础性工作数据库设计方法

1. 需求分析

数据库需求分析是通过详细调查数据库的应用部门或用户，了解各级用户对数据库的使用需求和应用流程，掌握信息资源的现状与特征，分析明确数据库涉及的数据实体、用户对象、数据流转应用模式等，其重点是对用户数据管理中的信息需求、处理需求、安全性与完整性要求等进行调查、收集和分析。因此，可以将数据资源的需求分析工作详细定义为需求调查、分析表达以及需求分析报告编写等 3 个阶段。

（1）需求调查

需求调查是对用户情况、数据资源情况、数据库需求、数据库边界等内容进行的调研。数据资源情况调研是对数据资源的格式、数据量以及信息化管理（调研是否已经有数据库和管理系统，若有，则需了解所采用的数据库软件和管理系统以及对应的版本及运行环境）等相关现状进行摸底；数据库需求包括对数据资源内容、处理功能、应用部署模式与保密安全、共享以及运营管理等方面的要求；数据库边界调查主要是确定数据资源的内容范围、来源及获取方式、数据录入方式等。常用的需求调查方法主要有跟班作业、开调查会、专人介绍或询问、调查表填写、记录查询等。

（2）分析表达

分析表达是基于需求调查，对用户需求进行进一步分析、抽象和表达，使之转换成后续设计阶段可用的形式。采用目前最为实用的结构化分析方法（简称 SA 方法）实现数据库的分析表达。SA 方法主要从最上层的系统组织机构入手，采用自顶向下、逐层分解的方式，并把每一层通过数据字典（data dictionary，DD）进行精准描述，而分析结果则用数据流图（data flow diagram，DFD）刻画，该方法较为简单且易于掌握和使用，也能够有效减少分析活动中的错误。

（3）需求分析报告编写

需求分析报告是数据库设计者和用户一致确认的权威性文档，是今后各阶段设计和工作的依据。经过需求调查和分析表达两个阶段之后，需要从数据库目标与范围、已有数据资源及其信息化现状、数据内容与获取、数据库功能与数据流、数据库的部署与应用等方面进行数据库需求分析报告的编写。编写完成之后交由数据库设计方和用户进行交流与审查，并根据交流结果与意见，逐步深入、修改与完善，形成最终需求分析报告。

2. 概念模型设计

（1）概念模型内涵及特点

数据库概念模型是用于说明数据库将要反映的实现世界中的实体、属性和它们之间的关系等，是现实世界转换到机器世界的中间层和信息媒介。概念模型主要包括层次模型、网状模型以及关系模型等三类，其必须满足以下要求。

1）语义表达能力丰富。概念模型能表达用户的各种需求，充分反映现实世界，包括事物和事物之间的联系、用户对数据的处理要求，它是现实世界的一个真实模型。

2）易于交流和理解。概念模型是数据库管理员、应用开发人员和用户之间的主要界面。因此，概念模型要表达自然、直观和容易理解，以便和不熟悉计算机的用户交换意见，用户的积极参与是保证数据库设计和成功的关键。

3）易于修改和扩充。概念模型要能灵活地加以改变，以反映用户需求和现实环境的变化。

4）易于向各种数据模型转换。概念模型独立于特定的数据库管理系统，因而更加稳定，能方便地向关系模型、网状模型或层次模型等各种数据模型转换。

（2）概念模型的表示方法

概念模型通常采用实体-关系（entity-relation，E-R）模型来表达。E-R 模型又称 E-R 图，基本构成要素是实体、属性和关系。

1）实体：用矩形表示，矩形框内写明实体名。

2）属性：用椭圆形表示，椭圆内标明属性名，并用无向边将其与相应的实体连接起来。

3）关系：用菱形表示，菱形内写明关系名，以适当的含义命名，用无向连线将实体矩形框分别与菱形框相连，并在无向边连线旁标明关系的类型，即一对一（1∶1）、一对多（1∶n）或多对多（m∶n）。

第 5 章 科技基础性工作数据整编技术标准

(3) 基于本体的概念模型设计

基于 E-R 图的概念模型设计方法存在两大问题：一是由于缺乏对实体对象本质的深刻认知，在设计阶段，实体属性及其关系并没有被系统梳理出来，导致实体关系模型设计的数据库结构往往只能反映实体对象的某个或某几个方面的特性；二是由于缺乏对实体概念、属性及其属性值语义信息的准确描述，导致不同来源语义异构的数据很难集成在同一个数据库中。而本体作为领域共识的概念及其相互关系的形式化说明，在解决领域地理对象识别、实体语义模糊性、语义搜索、数据分类、集成与关联等方面的问题具有较大优势。因此，本文将本体理论引入到概念模型的设计当中，提出一种基于本体的概念设计方法并实现其向 E-R 图的转换，保证 E-R 图的完整性和语义的准确性。基于本体的数据库设计与建设包含 5 个步骤，具体如图 5-3 所示。

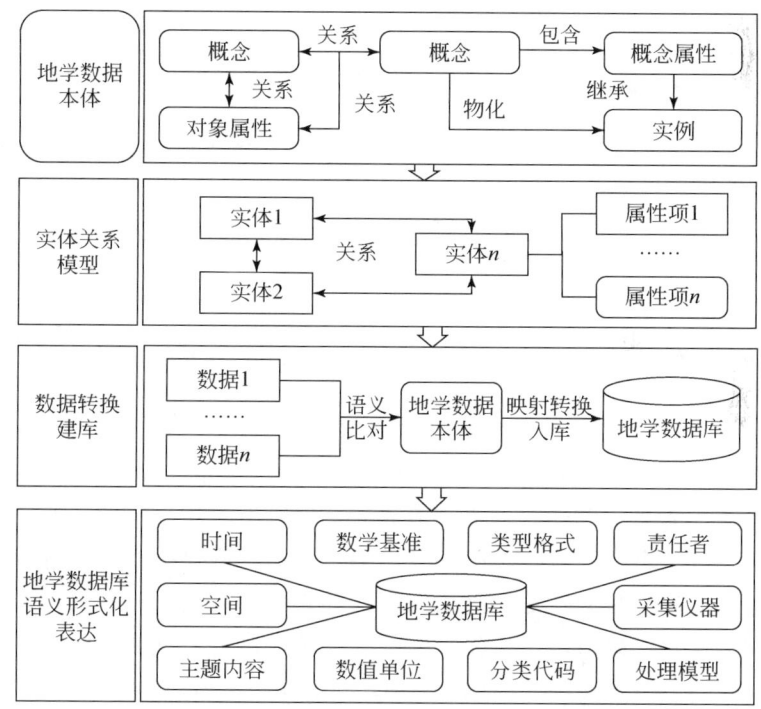

图 5-3 基于本体的科技基础性工作专项数据库设计流程

1) 利用本体理论，研究确定领域的主要概念、概念的属性、实例及其概念与概念、实例与实例的关系等；

2) 依据领域本体概念、概念属性、实例及其关系，抽象出数据库实体、属性及其实体关系，形成实体关系模型；

3）基于实体关系模型设计数据库结构；

4）依据基础和领域本体，对多源数据进行语义消歧、数据格式规范化转换等并入库；

5）基于数据本体明确的语义描述，对最终建成的数据库进行形式化表达，以便后继数据的持续集成。

3. 逻辑模型设计

逻辑模型设计是指将概念模型设计的 E-R 模型转换为某个具体的数据库管理系统所支持的数据模型。设计逻辑模型时应该选择最适于描述与表达相应概念模型的数据模型，然后选择最合适的数据库管理系统。目前应用较为广泛的逻辑设计方法主要是关系模型。基于关系模型的数据库逻辑模型设计主要包括建立逻辑模式、优化逻辑模式以及成果输出 3 个步骤。

（1）建立逻辑模式

逻辑模式建立的主要任务是构建出 E-R 模型中实体、属性及其关系与关系模型中二维表结构之间的映射。具体过程是以 E-R 模型为基础，根据数据表命名规范确定数据表标识，以字段命名规则作为依据，明确表字段的标识以及表字段的类型、长度、精度以及主外键等，从而使现实世界中的实体完成从概念层到信息层的转换，进而形成逻辑数据库。

（2）优化逻辑模式

逻辑模式的优化具体包括：确定数据依赖、消除冗余的关系、确定各关系模式分别属于何种范式、确定是否要对各关系模式进行合并或分解。如果没有性能上的必须原因，应该尽量使用关系数据库，以达到较高的范式，减少或避免数据冗余。但是如果在数据量和性能上无特别要求，考虑到实现的方便性，可以有适当的数据冗余，但必须要达到数据库设计第三范式（3NF）标准，即①数据表内的每一个值只能被表达一次；②数据表内的每一行都应该被唯一的标示；③数据表内不应存储依赖于其他键的非键信息；④如果字段事实上是与其他表的关键字相关联而未设计为外键引用，需建索引；⑤如果字段与其他表的字段相关联，需建索引；⑥如果字段要突现模糊查询之外的条件查询，需建索引。

（3）成果输出

逻辑设计的最终成果是形成覆盖实体表、实体表属性字段以及实体表之间关系（以主键、外键的形式关联）的逻辑数据库，具体如表 5-6、表 5-7 和图 5-4 所示。

第 5 章 科技基础性工作数据整编技术标准

表 5-6 实体表示例

序号	数据表名	中文名称	描述
1			
2			
……			

表 5-7 实体表属性字段表示例

序号	字段名	中文名称	字段类型	字段长度	是否必填	是否为主键	是否为外键	外键表名.字段名	备注
1									
2									
……									

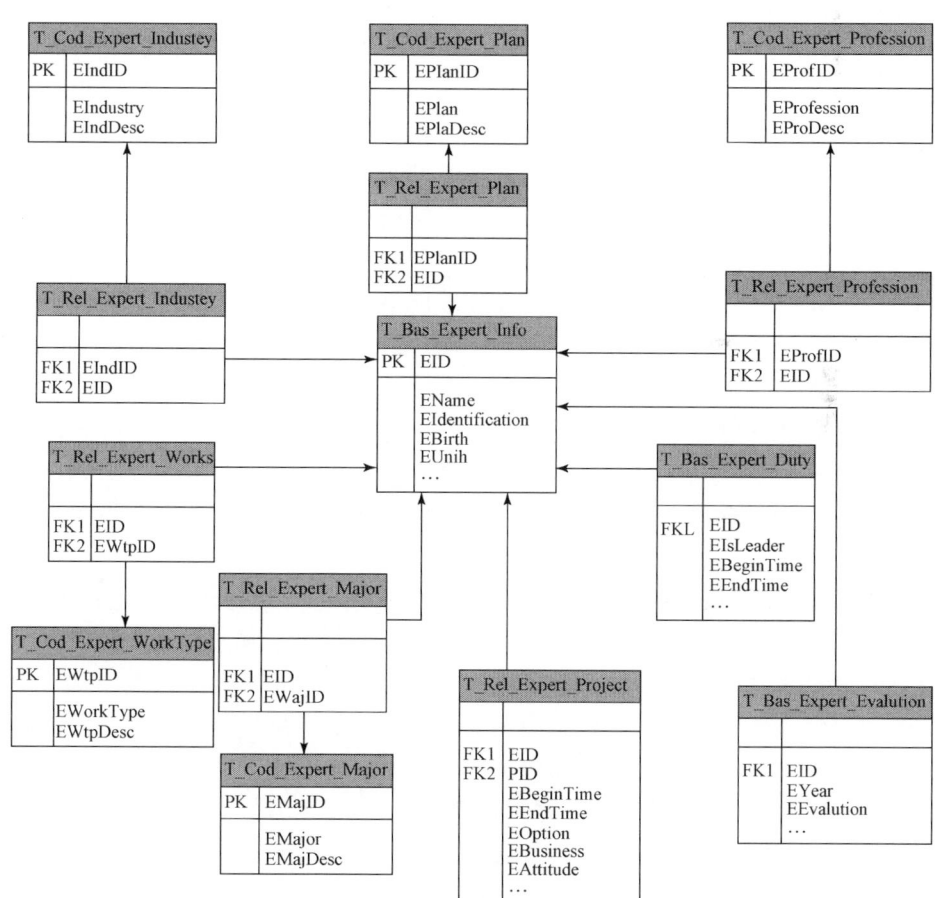

图 5-4 数据库主外键示意图

4. 物理设计

物理设计是在特定的计算机硬件环境和选定的数据库管理系统下，把数据库的逻辑结构模型加以物理实现，确定出数据库的物理结构，并对此进行评价和优化，最终形成物理数据库，其主要目的是降低数据库运行响应时间、提高存储空间利用率高，增加事务吞吐率。因此，物理设计主要涉及确定物理结构、评价数据库的物理结构以及结果输出等三部分工作内容。

（1）确定数据库的物理结构

由于物理结构依赖于给定的数据库管理系统和硬件系统，因此，如何确定存储结构、存取方法等数据库系统的内部特征以及了解处理频率、响应时间要求是完成数据库设计需要考虑的核心问题。物理结构的确定通常包括存储结构的确定、存取路径的设计、存放位置的确定以及系统配置的确定等4个方面。

存储结构的确定综合考虑存取时间、存储空间利用率和维护代价3方面的因素。这3个方面常常是相互矛盾的，例如消除一切冗余数据虽然能够节约存储空间，但往往会导致检索代价的增加，因此必须进行权衡，选择一个折中方案。许多关系型数据库管理系统都提供了聚簇功能，即为了提高某个属性（或属性组）的查询速度，把在这个或这些属性上有相同值的元组集中存放在一个物理块中，如果存放空间不足，可以存放到预留的空白区或链接多个物理块。聚簇以后，聚簇码相同的元组被集中在一起，因而聚簇码值不必在每个元组中重复存储，一组中只需存一次，因此可以节省一些存储空间，也可以大大提高按聚簇码进行查询的效率。聚簇功能不但适用于单个关系，也适用于多个关系。但必须注意的是，聚簇只能提高某些特定应用的性能，而且建立与维护聚簇的开销是相当大的。对已有关系建立聚簇，将导致关系中元组移动其物理存储位置，并使此关系上原有的索引无效，必须重建。当一个元组的聚簇码改变时，该元组的存储位置也要做相应移动。

存取路径的设计是指如何建立索引，例如，应把哪些域作为次码建立次索引，建立单码索引还是组合索引，建立多少个为合适，是否建立聚集索引等。索引的建立通常遵循5项原则：①一个属性或属性组经常在查询条件中出现；②一个属性经常作为最大值和最小值等聚集函数的参数；③一个属性或属性组经常在连接条件中出现；④如果一个表需要频繁地更新数据，不要建立太多的索引；⑤如果硬盘和内存存储空间有限，也应限制它的数量。

数据存放位置的确定通常是为了提高系统性能，将易变部分与稳定部分、经常存取部分和存取频率较低部分分开存放。数据库数据备份、日志文件备份等由于只在故障恢复时才使用，而且数据量很大，可以考虑存放在磁带上。目前许多

第 5 章 科技基础性工作数据整编技术标准

计算机都有多个磁盘，因此进行物理设计时可以考虑将表和索引分别放在不同的磁盘上，在查询时，由于两个磁盘驱动器分别在工作，因而可以保证物理读写速度比较快。也可以将数据量比较大的表分别放在两个磁盘上，以加快存取速度。此外，还可以将日志文件与数据库对象（表、索引等）放在不同的磁盘以改进系统的性能。

系统配置的确定是针对数据库管理系统自带的存储分配参数而言，初始状态下，系统都为这些变量赋予了合理的缺省值。但是这些值不一定适合每一种应用环境，在进行物理设计时，需要重新对这些变量赋值以改善系统的性能。通常情况下，这些配置变量包括：同时使用数据库的用户数，同时打开的数据库对象数，使用的缓冲区长度、个数，时间片大小，数据库的大小等。这些参数值影响存取时间和存储空间的分配，在物理设计时需要根据应用环境确定这些参数值，以使系统性能最优。在物理设计时对系统配置变量的调整只是初步的，在系统运行时还要根据系统实际运行情况做进一步的调整，以期切实改进系统性能。

此外，针对数据库中含有空间数据（矢量和栅格数据）的情况，除按照上述方法完成数据库的物理设计之外，还需要明确数据库中栅格数据和矢量数据的数学基准（坐标系和投影方式），图层划分以及图层命名，图层的属性表（按一般的数据表设计）等。

（2）评价数据库的物理结构

评价物理数据库的方法完全依赖于所选用的数据库管理系统，主要从定量估算各种方案的存储空间、存取时间和维护代价入手，对估算结果进行权衡、比较，选择出一个较优的合理的物理结构。如果该结构不符合用户需求，则需要修改设计。通常可采用合理设置数据库主键、外键，减少数据查询和磁盘输入输出时间的方式，实现对数据库物理结构的优化设计，提高数据库的运行速度；也可采用对常用的查询字段建立索引的方式，提高数据查询效率。

（3）结果输出

经过数据库物理结构的设计与评价两大步骤之后，即可在应用环境上建立出运行时间少、存储空间利用效率高以及事物吞吐率大的物理数据库。

5. 数据库命名

科技基础性工作数据库的命名主要从字符、语言、单词分割、命名长度等方面对数据库、表、索引、视图、主键、触发器、存储过程、函数等进行约束。其中，①字符命名采用 26 个英文字母和 0～9 这 10 个自然数，加上下划线"_"组成，共 63 个字符，不能出现其他字符（注释除外），不推荐使用中文或者特殊字符；②在语言方面，通常使用与对象本身意义密切相关的英文单词、缩写或汉语拼音,当单个单词或拼音无法准确表达对象含义时,可采用词组组合,若字符太长,可用大写首字母代替;③在单词分割方面,命名的多个单词或前后缀之间不允许留有空格,多个单词之间不用任何连接符号,单词的首字母大写,单词与前后缀之间使用下划线进行连接;④命名长度通常不超过30个字符。

基于上述考虑,以前缀、标识符和实际名字的组合,作为科技基础性工作数据库命名规则,基本格式为:<对象名字>=<前缀>_[<标识>_][<……>_]<实际名字>,其中,"< >"内的内容表示是必须内容,"[ ]"内的内容表示是可选内容。前缀描述对象类型,一律使用大写字母。标识是描述对象的属性类型,采用英文单词或其缩写表示,当存在多个标识时用下划线"_"进行分隔。数据库不同要素的详细命名方式如表5-8所示。

表5-8 数据库命名方式

序号	命名要素	命名方式
1	数据库	DB_<数据库标识>
2	基础数据表	T_Bas_<表标识>
3	关系表	T_Rel_<表标识>
4	汇总统计表	T_Mid_<表标识>
5	代码表	T_Cod_<表标识>
6	系统信息表	T_Sys_<表标识>
7	其他数据表	T_Oth_<表标识>
8	自定义数据类型	UD_<自定义数据类型标识>_<数据类型>
9	缺省值	DF_<缺省值标识>
10	主键	PK_<表标识>_<主键标识>
11	外键	FK_<表标识>_<主表标识>_<外键标识>
12	视图	V_<视图标识>
13	索引	IX_<表标识>_<索引标识>
14	存储过程	P_<存储过程标识>
15	触发器	TR_<表标识>_<I,U,D 的任意组合>(after)、 TI_<表标识>_<I,U,D 的任意组合>(instead of)
16	函数	F_<函数标识>
17	规则	RU_<规则标识>

6. 数据字典编写

数据字典是对数据库中各个元素做出的详细说明，主要包含：数据字典管理信息、数据表信息、视图信息、存储过程信息、用户函数信息、用户定义数据类型信息和数据项（字段）信息等内容（图5-5）。具体采用名称、最大出现次数、基本数据类型（表5-9）、域值、域名、是否为必填项等字段项进行描述。数据字典的填写说明及其管理要求见附录B数据字典部分。

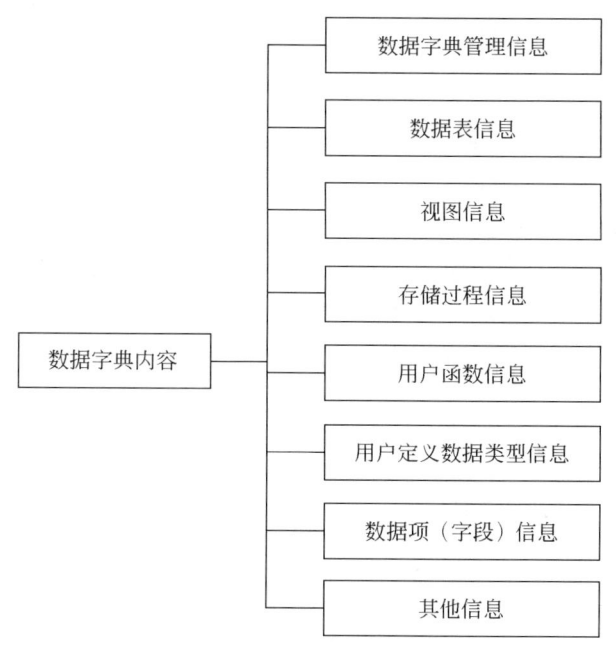

图 5-5　数据字典内容

表 5-9　基本数据类型表

数据类型	说明
实体（entity）	表示复合元素，可由元素或实体组成
文本/字符型（string）	自由文本，表明对数据项（字段）的内容没有限制
数值型（number）	通过数字的形式表达的值的类型
日期型（date）	通过YYYYMMDD的形式表达的值的类型
日期时间型（datetime）	通过YYYYMMDDhhmmss的形式表达的值的类型
布尔型（boolean）	两个而且只有两个表明条件的值，如True 或 False（1 或 0）
二进制（binary）	通过二进制格式存储对象，如图片、音频、视频等

7. 数据库设计说明书编写

科技基础性工作专项数据库设计完成后，应提交相应的数据库设计说明书。数据库设计说明书包含：引言（背景、编写目的、定义、参考资料）、现状调研（数据资源现状、数据库管理系统现状）、结构设计（概念结构设计、逻辑结构设计、物理设计）等内容，各部分的具体说明见附录 B 数据库设计说明书。

5.3 科技基础性工作数据集成整编规程

5.3.1 科技基础性工作数据集成整编总体流程

科技基础性工作数据资料的规范化集成整编是对数据资料进行标准化、系统化的跨项目、跨领域的重组整合过程，总体上包括：原始数据资料收集、原始数据资料分析、整编方案的确定、数据整编、数据建库、整编质量控制、数据质量评价和整编文档编制 8 个步骤，如图 5-6 所示。

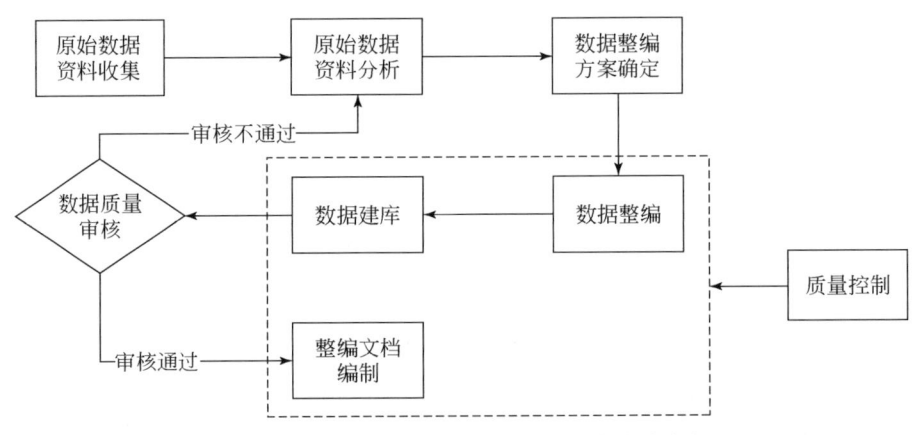

图 5-6 科技基础性工作数据集成整编总体流程

1）原始数据资料收集。通过数据汇交等手段，收集科技基础性工作专项项目各类数据资料。原始数据资料包括：数据实体、元数据、数据说明文档等相关内容。

2）原始数据资料分析。按领域对原始数据资料的要素及属性、时空范围、数据基准、数据生产及处理、计算方法与标准、数值单位等内容进行重点分析。

3）数据整编方案确定。根据数据分析结果，以"领域-要素-属性"为主线，

第5章 科技基础性工作数据整编技术标准

确定数据整编方案。重点确定领域数据要素对象、要素属性全集，统一属性项语义标准（如社会经济数据的统计口径等）、值域范围及数值单位。如果是空间数据还需要确定统一的数学基准（坐标系、投影方式与高程系等）。在此基础上，形成领域数据资料整编方案。

4）数据整编。根据数据整编方案，按照统一的技术标准，分领域和要素，对各项目对应的要素数据进行质量审核、转换处理（格式、单位、尺度、空间基准等）。对不同地点、时间的相同要素的数据资料进行抽取、合并与集成等操作。

5）数据建库。数据整编完成后，按照统一的技术标准，借助相关软件工具，实施数据的批量入库。

6）质量控制。在整编过程中，对数据整编和建库等步骤进行严格的质量控制。

7）质量审核。数据建库完成后，对数据整编质量进行审核。

8）整编文档编写。编写整编后数据集的元数据、数据说明文档以及建库后的数据字典说明等。

5.3.2 科技基础性工作数据集成整编实现步骤

科技基础性工作数据资料规范化整编以"领域-要素-属性"为主线，将不同的资源类型（科学数据、图集、志书/典籍、标本资源、计量基准、标准规范、文献资料），按照统一的技术标准，通过数据转换处理，打破项目边界，将多源、不同空间、时间、相同要素的数据进行整编集成。

1. 科学数据整编思路

科学数据整编按照"领域概念-要素对象-属性内容"的思路，在充分分析学科要素对象本质特征以及对应基础性工作专项汇交数据资料的基础上，设计要素全集属性项，在此基础上设计数据库表结构。基于标准化的要素表结构，实现跨项目不同时间、不同地点相同要素的科学数据的整编。具体数据库的设计以领域内现有的经典数据库为基础，或参照领域已有的标准规范进行设计。如果缺乏现成的数据库标准规范，则学科领域的要素划分参照以下主要原则与方法。

1）以《学科分类与代码》为依据，首先以一级学科为主确定领域概念。

2）在领域概念下，依据二级学科确定要素对象。①基础学科和学科史类的二级学科不作为要素对象划分依据。如"农业史（21010）""农业基础学科（21020）"不作为农业领域要素对象划分依据；②由于是确定要素对象，因此属于交叉或综合的二级学科一般不作为要素对象划分依据。如："土壤地理学（2105020）"，不参与要素对象划分；③如果二级学科仍然是概念，可根据学科研究内容，进一步确定出要素对象。如"自然地理（1704510）"可根据其研究范围，确定出"地形、地貌、土地利用/覆被、冰川、冻土、沙漠"等要素对象；④如果二级学科是要素对象，但研究范围包括该要素对象的多类属性内容，可以考虑按照要素对象的属性内容类进一步划分要素。如"大气物理（1701510）"可根据其研究范围，可以确定出"大气光、大气声、大气电"要素；⑤二级学科是要素对象的若干属性时，如果属性比较复杂或成体系，一般需要单独提取为要素对象，如果较为简单也可以进行合并。

3）在第二步梳理的要素对象的基础上，确定出要素对象的属性内容。属性内容一般包括：空间位置、时间范围、类型类别、规模数量、理化性质、质量等级、产权归属、责任机构等。可以根据上述属性，按属性分组进行数据库的设计，如要素自然保护区空间分布数据、土壤理化性质数据、水质监测数据。

4）基于前面步骤分析出来的要素对象及属性字段，设计标准化的要素数据表结构。标准化要素数据表结构必须包含：数据记录编码（数据资料分类编码+流水号）、数据要素名称、数据所属的项目编码、对应的元数据、数据属性值，以及数据地点、时间、采集或处理机构等信息。数据资料分类编码参见"科技基础性工作专项数据资料分类与编码"。

5）按照"科技基础性工作专项数据库设计规范"，编制数据项（字段）说明。

6）依据标准化数据表结构，按照要素，逐一完成各个项目对应要素对象的数据。录入数据时要注意项目数据与标准化数据表字段项的含义、单位、数值形式和计算方法等是否一致。如果不一致，应对项目数据进行转换后，再入库。如果标准化数据表不包含项目数据字段，应添加新的字段，并修改对应的数据项（字段）说明。

7）每次数据录入或操作完成后，应填写数据表更新信息。

8）将要素的核心数据表，以及要素背景知识数据表集成在一起就构成每个要素的数据库。

2. 科学数据整编步骤

科学数据包括非空间数据和空间数据两大类，分别按照不同的方法进行整编。

非空间数据整编的主要步骤包括：①按要素整理分析项目数据文件。②根据标准化数据表结构（必须包含：数据记录唯一编码、数据要素名称、数据所属的项目编码、对应的元数据、数据属性值等。数据记录唯一编码规则为：专项数据资料分类编码+"-"+流水号)，将项目数据录入或批量导入到对应的要素数据表中。③项目数据导入标准化数据表后，进一步对重复、冲突数据记录进行检查处理等。④以数据表为单位填写非空间数据字典更新信息。

空间数据统一采用 WGS84 地理坐标系，利用 File Geodatabase（文件地理数

|第 5 章| 科技基础性工作数据整编技术标准

据库），按领域-要素进行整编建库。其具体步骤为：①在 ArcCatalog 中，建立学科领域空间数据库，具体命名形式：D_Bas_<学科领域英文名称>_SDAT；②按要素整理空间数据文件，在 File Geodatabase 中每个要素建立一个要素数据集（Feature Datasets），选择 WGS84 地理坐标系。要素集名称以英文名称命名；③将不同项目该要素对应的空间数据文件（转换为 WGS84 地理坐标系）逐一导入到要素数据集中，并重新命名为：时间+地点+<要素英文名称>+"-"+流水号；④填写空间数据索引表，每个图层为一条记录；⑤以要素集（Feature Datasets）为单位，填写空间数据库字典更新信息。

3. 图集、志书/典籍、计量基标准、标准规范、文献资料整编思路与步骤

图集、志书/典籍、计量基标准、标准规范和文献资料 5 类数据资料的整编方法类似，即首先对数据资料按领域分学科（计量基标准和计量标准）进行整理，然后将不同项目的数据资料进行合并，完成科技基础性工作数据库的建设（每个图集、志书/典籍、计量基标准、标准规范和文献资料均单独作为一条记录），最后填写数据库字典更新信息。

4. 自然科技资源整编思路与步骤

自然科技资源所覆盖的种类较多，其数据特征也较其他几类资源有所不同，因此，需要单独设计针对自然科技资源的整编方法，其主要步骤为：①直接利用汇交时提交的植物种质资源、动物种质资源、微生物菌种资源、人类遗传资源、生物标本资源、岩矿化石资源、实验材料资源和标准物质八大类自然科技资源规范化描述表数据；②增加"标本资源唯一编号、对应的元数据编号、所属项目编号"3 个字段；③将不同项目的自然科技资源分类合并到对应的规范化描述表中；④最后填写科技资源数据库字典更新信息。

5.4 科技基础性工作数据集成整编质量控制与评价规范

5.4.1 数据质量概述

数据质量是一组固有特性满足要求的程度，即对于用户而言，某一个数据资

源所传递的信息若能满足用户进行各项活动的最低需求，则数据质量高，反之，则数据质量较低。数据质量通常以维度指标作为评估依据，近年来，国内外学者和研究机构以用户满意程度为基点对数据质量开展了大量研究，归纳起来主要包括准确性、完整性、可解释性、可靠性、一致性、相关性、时效性、可访问性、流通性、可达性、可维护性、适用性以及可追溯性等多个维度指标（图 5-7）。

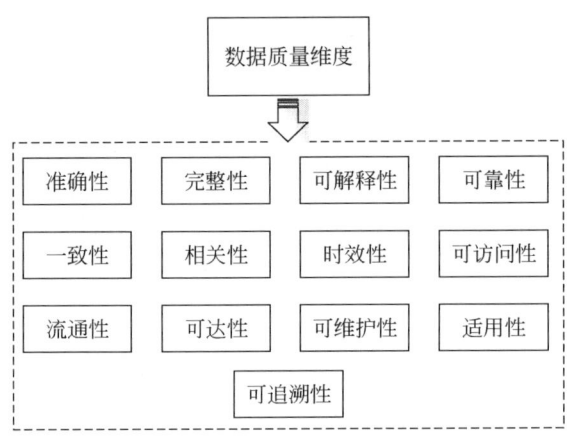

图 5-7 数据质量维度

5.4.2 科技基础性工作数据资料集成整编质量控制总体流程

科技基础性工作数据资料的全生命周期是对数据资料的获取（考察、采样、观测、试验、测试分析、模拟计算等）到汇交、整编、加工再生产，再到最终的对外共享与服务等多个环节和过程的完整概括。若要使数据资料发挥出应有的价值，让研究人员获取到来源可靠、质量较高的数据，产出更多的科研成果，必须对上述每个环节和过程实施严格的质量控制。针对科技基础性工作专项项目数据资料汇交、数据资料集成与整编、专题数据库的建设等三大阶段，将专项数据资料质量控制划分成 5 个步骤（图 5-8）：①在学科专业知识和数据资源特征分析的基础上，确定质量元素；②确定质量元素度量方法（标准）；③质量测量（检查）；④质量综合评价；⑤在质量检查和综合评价的基础上，形成质量报告，提出数据资源整改建议，指导数据资源的整改。数据资源整改后，还可以再进行数据质量的测量，直到数据质量合格为止。

|第 5 章| 科技基础性工作数据整编技术标准

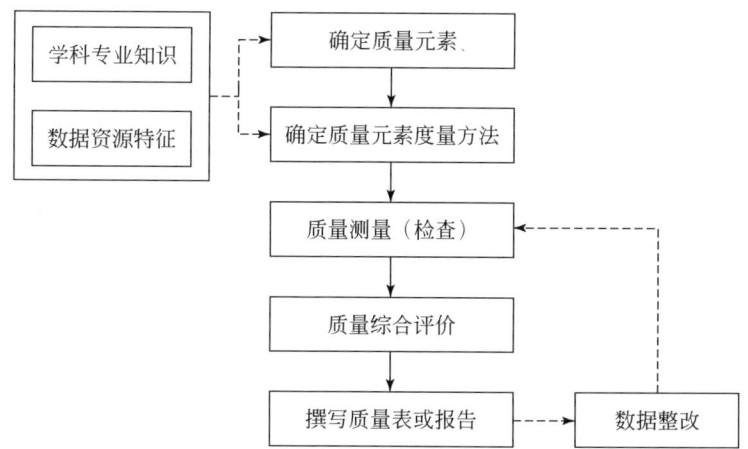

图 5-8　科技基础性工作专项项目数据汇交、整编质量控制流程

5.4.3　科技基础性工作数据资源质量元素与度量方法

1. 汇交质量元素与度量方法

数据汇交阶段质量度量是对汇交方案、元数据、汇交文件包以及数据实体等汇交内容从多个方面进行审核与检查（图 5-9），主要包括：①完整性，指是否完整填写了汇交方案、元数据标准等规范中所要求的内容；②正确性，指所填写的内容或信息是否准确；③一致性，指提交的汇交文件中的内容是否与相关规范所要求的内容一致，如汇交方案中所填写的项目任务与考核指标是否与项目任务书中的内容一致；④合理性，指是否按照相关规范对每一项内容的要求进行填写，

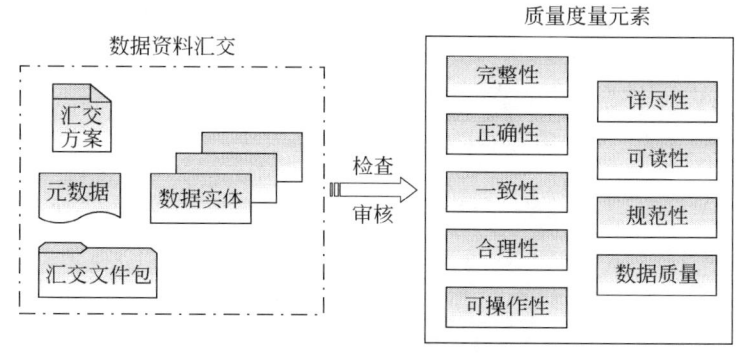

图 5-9　数据汇交质量元素与度量方法

如汇交方案中的总体说明，是对汇交资源的总体说明，而不是描述研究任务或项目成果；⑤可操作性，指汇交文件包中的所有文件是否都可以打开、读取；⑥详尽性，指对相关规范要求的内容或数据项的描述是否详尽；⑦可读性，指所填写的相关内容逻辑是否合理，有无错别字，排版等问题；⑧规范性，指是否满足相关规范对格式、命名及文件组织的要求；⑨数据质量，指通过领域专家的参与，对数据质量进行快速的定性检查。详细的汇交质量元素与度量方法如表5-10所示。

表5-10 数据汇交质量元素与度量方法

质量控制对象	质量元素	质量测度方法	备注
项目基本信息	完整性	要求的项目基本信息项是否完整	
	正确性	填写的项目基本信息项是否准确	
项目任务与考核指标	一致性	1) 与项目任务书规定的研究任务与考核指标是否一致 2) 是否对变更情况进行了说明	
汇交方案	完整性	要求的总体说明、汇交资源清单表以及详细描述表是否填写	
	一致性	1) 汇交资源清单表是否包含了任务书考核指标对应的汇交资源 2) 汇交资源清单表中的每条资源是否在详细描述表中描述	
汇交方案 / 汇交资源内容	合理性	1) 总体说明是否合理？该部分应是对项目拟汇交资源的总体说明，而不是研究任务或项目成果的描述。建议内容：[依据项目任务书考核指标，结合项目实施情况，本项目汇交的资源包括以下**类：一、…，数据量共计….MB 或记录数；二、…．汇交数据资源全部共享，或….] 2) 汇交资源清单表是否合理？该部分重点对任务书考核指标，对应考核指标应汇交的资源名称、类型、共享方式，以及汇交的资源对应考核指标是否变更进行阐述 考核指标应与任务书中有关数据资料产出（含数据、图集、志书/典籍、标本资源、标准物质、计量基标准、标准规范、文献资料，项目代表性的专著、考察/调查和研究报告等）的考核指标对应 资源名称应是该考核指标对应的应汇交的资源名称（一般应包含时间、地点、要素内容），一个考核指标可以对应一个或若干个资源 资源类型应是以下中的一种：数据、图集、志书/典籍、标本资源、种子资源、标准物质、计量基标准、标准规范、论文专著或研究报告等 共享方式分为：完全开放共享、协议共享、暂不共享三种方式，一般要求完全开放共享。协议共享和暂不共享需要在"相关说明"中说明充分的理由 变更情况是指依据考核指标，汇交的资源是否变更了。分为：无变更、超额（汇交的资源超出了考核指标要求）、部分变更（根据项目实际执行情况，对考核指标相比，汇交的资源发生了部分变化）、未完成（没有完成考核指标规定的数据资源）、替换（汇交的资源根据项目实际执行情况，替换为别的资源）	具体格式见"科技基础性工作专项项目数据汇交方案"

第5章 科技基础性工作数据整编技术标准

续表

质量控制对象		质量元素	质量测度方法	备注
汇交方案	汇交资源内容	合理性	3）详细描述表内容是否合理。数据集名称是否与汇交资源清单表一致 矢量数据详细描述表：应明确各个数据集包含的图层以及图层的属性字段，图层类型（点、线、面），数据格式以及地理位置或空间覆盖范围、空间参考基准、比例尺、数据集时间，以及数据来源、数据量（多少MB） 栅格数据详细描述表应说明栅格数据的波段情况（波段数、波段值代表的含义）、数据格式、地理位置或空间覆盖范围、空间参考基准、空间分辨率、数据集时间、数据来源以及数据量（多少MB） 表格数据详细描述表应说明表格包含的字段名称、表格格式、数据覆盖的地理位置或空间范围、时间、数据来源以及数据记录数（表行数） 文本数据详细描述表应说明文本的数据项（主要的内容要素）、文本格式、文本内容对象反映的地理位置或空间覆盖范围、时间、数据来源以及数据量（字数）	具体格式见"科技基础性工作专项项目数据汇交方案"
		详尽性	总体说明、汇交资源清单表、各详细描述表的内容是否详尽，清晰说明应表达的内容。特别是矢量、栅格、表格、文本详细描述表中的图层属性说明、波段说明、字段名称、数据项描述是否详尽	
	资源质量控制	完整性	要求的总体说明以及质量控制表是否填写	
		一致性	是否对汇交资源清单表中的资源都进行了质量控制描述。质量控制表应与汇交资源清单表的数据资源一一对应	
		合理性	1）质量控制总体说明应对每一类汇交资源的质量控制进行综合说明 2）质量控制详细说明应对每一个数据集的质量控制措施进行说明。包括：数据集的产生方式，以及数据集采集（调研/测量/分析等）、处理或计算的方法以及参照的依据是什么（国家标准、行业标准、地方标准或内部规范应列出名称，并在汇交时提供相应的文本）	
		详尽性	质量控制描述信息是否详尽。一般要求对数据的采集、处理、计算方法等进行描述	
	相关说明	合理性	是否对汇交资源特殊的共享和使用要求等情况进行了说明	
		可读性	汇交方案内容的逻辑性是否合理，是否有错别字、排版等问题	
元数据		完整性	要求的各必选元数据项是否全部填写	详见"科技基础性工作专项项目数据汇交元数据标准"
		一致性	是否与汇交方案规定的汇交资源一致。一般规定：汇交方案中每一个汇交数据集对应至少一条元数据	
		正确性	元数据项内容填写是否正确	
		粒度合理性	元数据划分的粒度是否合理，一般规定相同处理方法相同要素的数据资源，描述为一条元数据。基本上与汇交方案中的汇交资源清单表中的数据集粒度一致	

|科技基础性工作数据汇交与整编模式、标准|

续表

质量控制对象	质量元素	质量测度方法	备注
元数据	内容合理性	根据元数据编制要求，各元数据项内容的合理性 1) 中文名称，通常由时间、地点、要素内容组成 2) 描述摘要，应反映数据资源的主要内容及特征，而不是数据资源的采集、处理过程，更不是数据生产组织方式或项目成果介绍 3) 关键词一般应在 3 个及以上，多个关键词中间用","隔开 4) 资源时间：指的是资源内容的时间点或时间范围。数据、图集、志书、典籍时间是指其内容表达的时间，而标本资源/标准物质时间指采集或制备的时间，标准规范时间是指正式发布的时间，论文专著是指正式发表或出版的时间，研究报告是指编撰完成的时间 5) 资源地点：资源内容表述的地理位置。数据、图集、志书、典籍地点是指其内容所表达的地点；标本资源指采集的地点（产地），计量基准、标准物质制备或保存的单位地点 6) 资源质量描述：对表述资源质量的资源精度、适用范围，以及资源采集、加工处理采用的仪器设备、标准规范、模型方法等的描述。志书、典籍的质量描述可以参考志书、典籍中的凡例/编纂说明/编写说明等。标准规范的质量描述可以参考其编制说明中相应的部分。可以与汇交方案中的质量控制描述一致 7) 缩略图：反映资源概貌、内容或特征的图片，可以是多张图片。专著、论文一般为封面或目录页	详见"科技基础性工作专项项目数据汇交元数据标准"
元数据	可读性	元数据内容的逻辑性是否合理，是否易于阅读理解，是否有错别字、排版等问题	
汇交文件包	规范性	是否按照"科技基础性工作专项项目科学数据文件整理规范与汇交方式"进行文件的组织与命名	
汇交文件包	完整性	是否按照"科技基础性工作专项项目科学数据文件整理规范与汇交方式"规定的所有文件（元数据、汇交方案、元数据对应的数据实体及数据说明文档） 是否包含汇交方案中元数据清单对应的数据实体	
汇交文件包	可操作性	文件包中的所有文件是否可以打开、读取	
数据实体	科学数据 一致性	数据集个数是否与汇交清单个数一致 数据的时间、空间范围、要素内容是否与汇交方案、元数据的描述一致	
数据实体	科学数据 可操作性	数据文件是否能够打开、正确读取	
数据实体	科学数据 完整性	空间数据是否有空间基准（投影和坐标） 数据内容是否完整（重要字段是否有缺失）	
数据实体	科学数据 数据质量	对数据质量进行快速的定性检查	需要领域专家参与

第 5 章　科技基础性工作数据整编技术标准

续表

质量控制对象		质量元素	质量测度方法	备注
数据实体	志书/典籍	一致性	志书/典籍个数是否与汇交清单个数一致	
			志书/典籍的时间、空间范围、内容是否与汇交方案、元数据的描述一致	
		可操作性	志书/典籍是否能够打开并正确读取	
		完整性	志书/典籍内容是否完整	
		可读性	志书/典籍内容容易阅读、理解,是否有文字、排版问题	
		数据质量	对志书/典籍质量进行快速的定性检查	需要领域专家参与
	自然科技资源	一致性	自然科技资源数量是否与汇交清单个数一致	
			自然科技资源的时间、空间范围、内容是否与汇交方案、元数据的描述一致	
		可操作性	自然科技资源描述表是否能够打开并正确读取	
		完整性	参照"科技基础性工作专项项目科学数据汇交自然科技资源描述规范",必填项是否完整	
		数据质量	对自然科技资源描述信息质量进行快速的定性检查	需要领域专家参与
	计量基标准	一致性	计量基标准个数是否与汇交清单个数一致	
			计量基标准的级别、类别是否与汇交方案、元数据的描述一致	
		可操作性	计量基标准描述文件是否能够打开并正确读取	
		完整性	描述文件是否完整	
		数据质量	对计量基标准描述信息质量进行快速的定性检查	需要领域专家参与
	标准规范	一致性	标准规范个数是否与汇交清单个数一致	
			标准规范的名称、内容、级别是否与汇交方案、元数据的描述一致	
		可操作性	标准规范是否能够打开并正确读取	
		完整性	标准规范各部分内容是否完整	
		可读性	标准规范内容容易阅读、理解,是否有文字、排版问题	
		数据质量	对标准规范质量进行快速的定性检查	需要领域专家参与
	文献资料	一致性	文献资料个数是否与汇交清单个数一致	
			文献资料的名称、内容是否与汇交方案、元数据的描述一致	
		可操作性	文献资料是否能够打开并正确读取	

续表

质量控制对象	质量元素	质量测度方法	备注
数据实体	文献资料	完整性	文献资料各部分内容是否完整	
		可读性	文献资料内容容易阅读、理解，是否有文字、排版问题	
		数据质量	对文献资料质量进行快速的定性检查	需要领域专家参与
数据说明文档	科学数据/图集说明文档	完整性	是否填写了"科学数据/图集说明文档编写规范"模板中的每一部分	
		合理性	是否符合"科学数据/图集说明文档编写规范"的编写要求	
	标准规范编制说明	完整性	是否填写了"标准规范编制说明编写规范"模板中的每一部分	
		合理性	是否符合"标准规范编制说明编写规范"的编写要求	

2. 整编数据质量元素与度量方法

数据整编阶段质量度量是对整编后的数据（科学数据、志书/典籍、自然科技资源、计量基标准、标准规范、文献资料）进行异常值、数值有效性、数据重复性、拓扑完整性、图数一致性、内容系统性与内容正确性、清晰度、编码正确性以及数值单位等多方面的检查与审核（图5-10）。其中异常值通过数学计算或线性分析进行检查；数值有效性是检查数据是否超过规定的值域范围；数据重复性是通过属性字段对比，对重复的数据记录进行检测；拓扑完整性是检查空间数据拓扑关系是否正确；图数一致性是检查空间数据图形与属性是否一致；内容系统性和内容正确性是分别对不同资料类型的内容进行系统性和有效性的检查；清晰度主

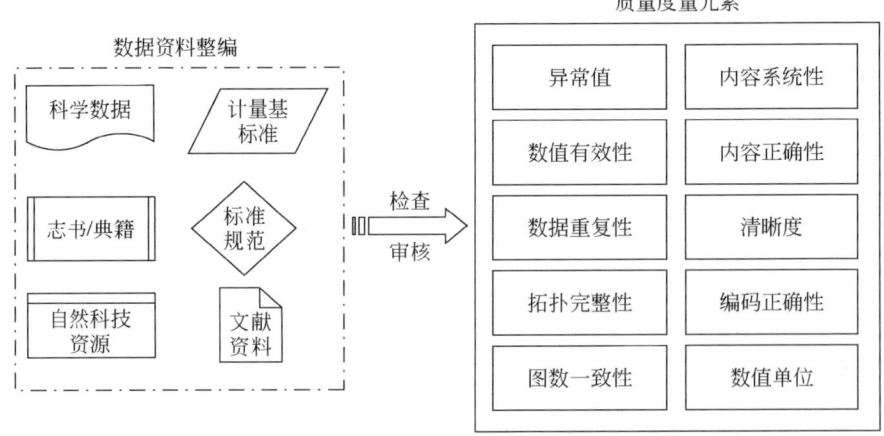

图 5-10 整编数据质量元素与度量方法

第5章　科技基础性工作数据整编技术标准

要针对电子版的文献资料，检查其扫描的清晰度，特别是重要图表的清晰度；数值单位要判定其正确性，以及不同来源数据单位的一致性；编码正确性主要针对自然科技资源，依据自然科技资源的编码规则，判定资源编码的正确性。详细的整编数据质量元素与度量方法如表 5-11 所示。

表 5-11　数据集成整编质量元素与度量方法

质量控制对象		质量元素	质量测度方法	备注
数据实体	科学数据	异常值检查	通过数学计算或数据线性分析，检查异常值	
		数值有效性检查	检查数值是否超过规定的值域范围	
		数据重复性检查	通过重要特征属性字段比对，对重复的数据记录进行检测	
		数值单位有效性检查	判断数值单位的正确性，以及不同来源数据单位的一致性	
		拓扑完整性	空间数据拓扑关系是否正确（是否存在孤立点线、碎多边形等）	仅针对空间数据
		图数一致性	空间数据图形和属性一致性检查	
	志书/典籍	内容系统性	对志书/典籍内容的系统性进行检查	需要领域专家参与
		内容正确性	对志书/典籍内容的正确性进行检查	
		清晰度检查	对扫描的志书/典籍电子文件，特别是重要图表的清晰度进行检查	
	自然科技资源	编码正确性	依据自然科技资源编码规则，判断资源编码的正确性	
		异常值检查	通过数学计算或数据线性分析，检查异常值	
		数值有效性检查	检查数值是否超过规定的值域范围	
		数据重复性检查	通过重要特征属性字段比对，对重复的数据记录进行检测	
		数值单位有效性检查	判断数值单位的正确性，以及不同来源数据单位的一致性	
	计量基标准	异常值检查	通过数学计算或数据线性分析，检查异常值	
		数值有效性检查	检查数值是否超过规定的值域范围	
		数据重复性检查	通过重要特征属性字段比对，对重复的数据记录进行检测	
		数值单位有效性检查	判断数值单位的正确性，以及不同来源数据单位的一致性	
	标准规范	内容规范性	对标准规范内容的规范性进行检查	需要领域专家参与
		内容正确性	对标准规范内容的正确性进行检查	
	文献资料	内容正确性	对文献资料内容的正确性进行检查	需要领域专家参与
		清晰度检查	对扫描的文献资料电子文件，特别是重要图表的清晰度进行检查	

3. 专题数据库质量元素与度量方法

专题（综合）数据库建设是指围绕某一重大科学问题或社会经济发展需求，在整编集成后的基础性工作数据资料的基础上，补充其他数据资料，形成的特定主题数据库。该阶段主要对补充的数据资料质量以及建成的专题（综合）数据库质量进行评价，其质量元素及度量方法同本书 5.4.3 小节所列方法。此外，专题（综合）数据库建设完成后也需要填写元数据，编制对应的数据说明文档，具体的质量要求参见表 5.8 中的元数据和数据说明文档部分。

5.4.4 科技基础性工作数据质量测量与评价方法

依据前述的质量元素及度量方法与依据，对数据汇交、数据整编以及专题数据库建设中各类数据资源的每个方面进行质量测量。根据测量结果，将数据资源质量划分为优秀、良好、一般、较差等 4 个等级（图 5-11）。其中优秀说明数据资料无质量问题，可直接通过；良好代表数据资源基本没有质量问题，稍作修改即可通过；一般指数据质量存在问题较多，需要进行修改、整改后重审；较差说明数据质量存在较为严重的问题，必须重新进行编写、整理、整编后再审核。完成

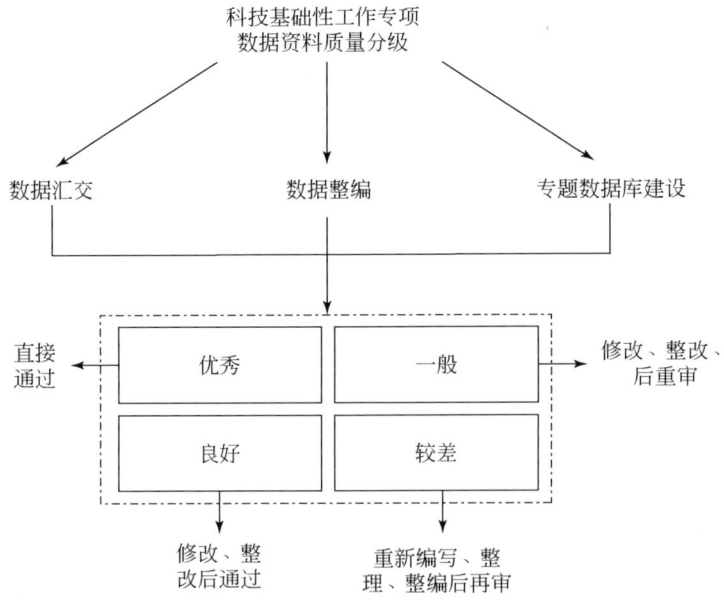

图 5-11 科技基础性工作专项数据资料质量分级

数据分级评价之后，需要填写质量检查记录表（汇交方案、元数据、数据实体及说明文档质量检查记录表分别见附录 A 中附表 5~附表 7），并根据分级评价结果，与汇交数据的承担单位、负责集成整编及专题（综合）数据库建设的课题进行沟通，进行相应的处理。

5.4.5　科技基础性工作数据质量报告书编写

数据质量测量与评价结束后，依据质量检查记录表，编制数据质量报告，对数据质量总体状况进行全面的总结。数据质量报告书由封面、目录、正文内容 3 部分组成。其中封面包含质量检查的项目或数据集名称（数据汇交质量报告应为项目的名称，数据集成整编和专题数据库应为数据表/库的名称），数据采集、汇交或生产单位，数据质量评价单位，数据质量评价日期等基本信息；正文内容应该包括质量检查对象（汇交方案、元数据、汇交文件包、数据实体、数据说明文档）的总体描述、数据质量总体说明、数据资源主要问题及数据质量整改建议等。

5.4.6　科技基础性工作数据资源质量评价软件工具

从项目单位已经汇交的来看，普遍存在文档组织不规范、数据缺失、数据内容项不完整等问题，这不仅增加了数据汇交过程中人工审核的难度，而且也给深层次的挖掘应用带来阻碍。因此，必须开发科技基础性工作数据资源质量评价软件工具（张肖霞等，2017），尽可能实现数据质量评价工作的自动化，从而提升数据管理者的工作效率。

1. 审查模型框架

为了灵活实现对不同学科领域的数据审查，设计了基于自定义约束规则的数据审查模型（图 5-12）。该模型主要由构建器、规则库和判断器构成。构建器主要用于创建约束规则，约束规则由判断条件和值域构成。规则库用于存储用户进行数据审查时创建的各类规则集。判断器则将这些规则集应用于一个待审查的项目汇交数据集，并对是否满足规则的情况进行输出。

2. 自定义规则集构成

根据科技基础性工作项目汇交数据的内容和特点，从完整性、一致性和约束性 3 个方面进行约束规则的定义。审查规则包括文件组织和命名规范审查、数据

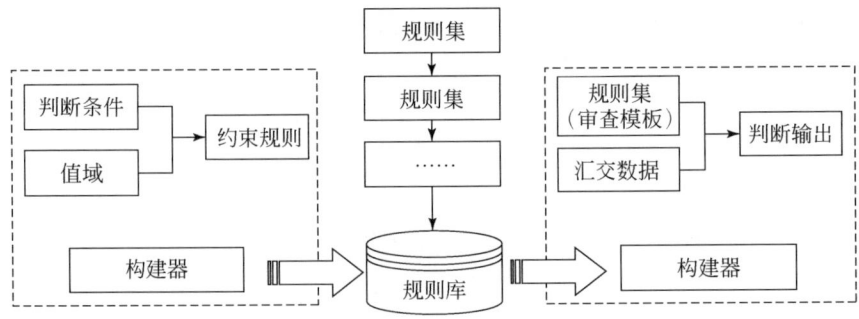

图 5-12　数据审查模型的框架构成

质量审查、数据文档审查、论文和辅助软件审查。其中，文件组织审查指文件的存放路径是否符合规范的统一约定，命名规范审查指文件的命名是否符合要求。数据质量审查和数据文档审查包括数据项内容审查、行数据审查、列数据审查、多表审查等。一个数据审查规则集的构成如图 5-13 所示。

数据项审查是指对某一数据表中的某一个数据项进行审查，包括非空审查、数据类型审查、正则表达式审查、数据范围审查等。在数据项审查中，非空审查通过设置数据项能否为空的约束条件来审查数据项内容是否满足约束规则。数据类型审查主要审查所采用的数据类型必须是指定的某一数据类型或满足预先设定的几种类型中的某一类型。正则表达式审查是由于采用单个字符串描述或者匹配一系列句法规则的字符串，也就是用一个"字符串"来描述一个特征，审查该"字符串"是否符合这个特征。如审查电话号码、邮箱、日期是否满足规格。数据范围审查包括常规的数值范围审查和数据项内容是否在自定义的范围之内，是一种约束性的审查，如审查某一物质的 pH 必须在 3～7 的范围内，审查植物种植的气候带必须为热带、亚热带、温带、寒温带、寒带、其他这 6 项中的一项等。

行数据审查是对数据表中行与行数据项之间关系的审查，包括行数据项之间的对应关系、限制约束关系。如项目编号字段与项目名称字段是一一对应关系，一个项目编号有且仅有一个项目名称。

列数据审查指的是对同一字段的数据项与数据项之间关系的审查，包括对比审查、累积值审查、四则运算审查等。如表格数据详细描述表中"数据记录数"字段需要运用四则运算统计表格记录的整列数据总量。

多表审查是对两个及其以上数据表中数据项关系的审查，也叫数据项动态联合审查。如表格数据详细描述表中描述字段必须包含数据表的所有字段。

|第 5 章| 科技基础性工作数据整编技术标准

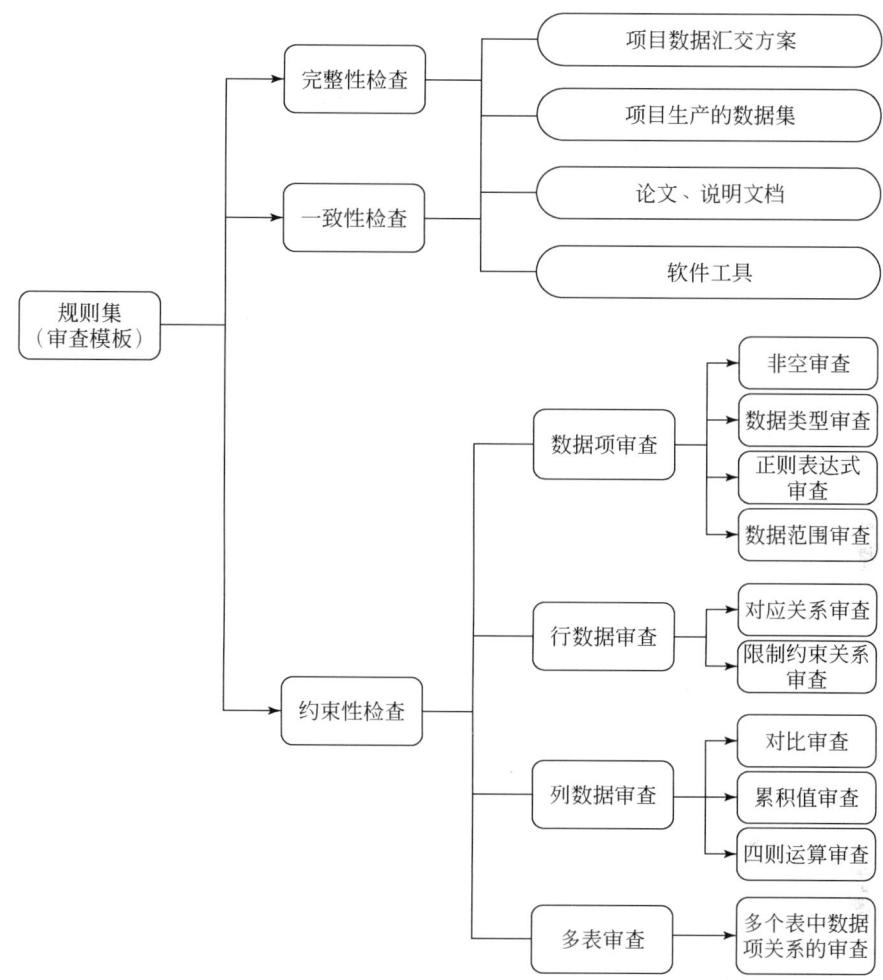

图 5-13 审查规则集构成

3. 软件工具的应用流程

基于上述审查模型与约束规则,可研发科技基础性工作项目汇交数据质量审查软件工具具体应用流程如图 5-14 所示。

首先读取项目汇交数据包,然后从规则库中选择审查模板,依据审查模板定义的规则进行逐项检查。在检查过程中,首先检查是否存在 PDF 格式的数据汇交方案;其次审查 Dataset 的内容,检查 Dataset 文件夹存放的数据实体和数据说明文档;最后检查以数据资源唯一标识号命名的下一级文件夹,每个文件夹中存放着 Data、Document、Thumbnail 3 个子文件夹,它们分别用来存放数据实体、数

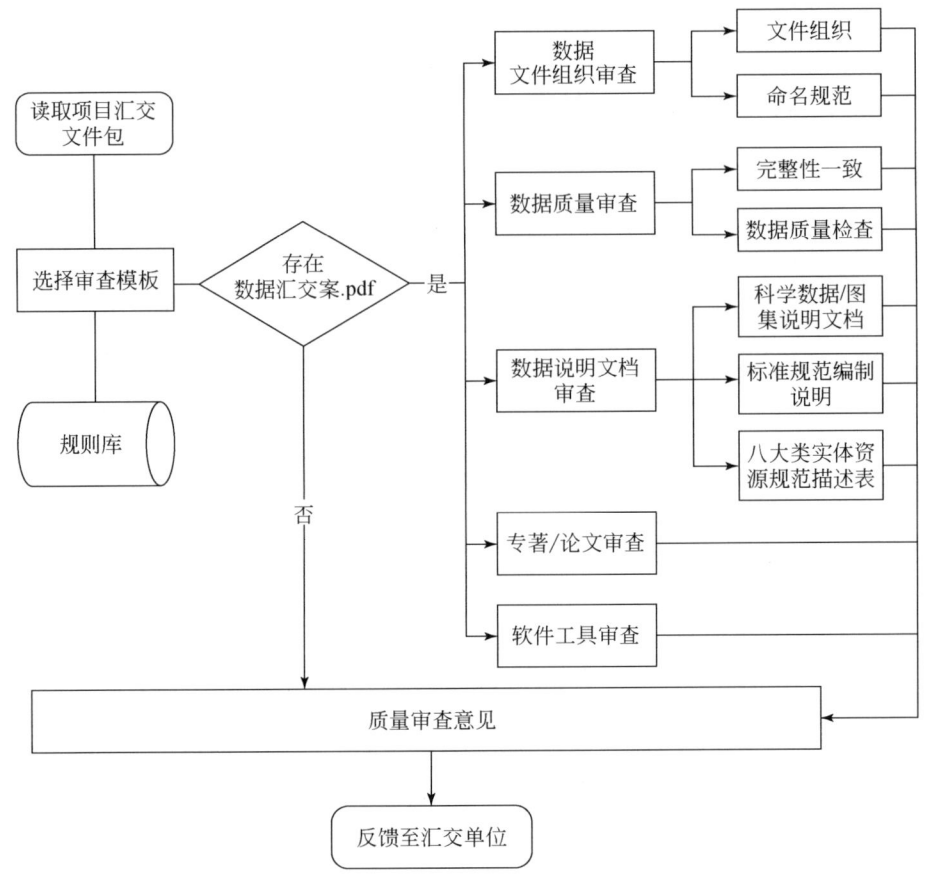

图 5-14 数据质量审查软件工具应用流程

据说明文档和数据缩略图。首先针对文件的组织和命名是否符合规范进行检查。其次用自定义约束规则审查模型对数据质量进行审查，检查数据的完整性、一致性等。再次对数据说明文档进行审查，重点对科学数据/图集说明文档、标准规范编制说明、八大类标本资源规范描述表进行审查。最后对论文/专著（Paper 文件夹）部分和软件工具（Software 文件夹）部分进行审查。

4. 软件工具的功能及使用方法

科技基础性工作数据资源质量评价软件工具（图 5-15），主要包含数据导入、数据审查以及审查结果的输出与保存等三大模块，详细的功能与使用方法如下。

（1）数据导入

数据导入可以通过菜单的导入按钮也可以点击"导入项目数据包"快捷按钮进行（图 5-15）。导入数据包导入的是待检查的数据包文件夹，选中要审查的项目

| 第 5 章 | 科技基础性工作数据整编技术标准

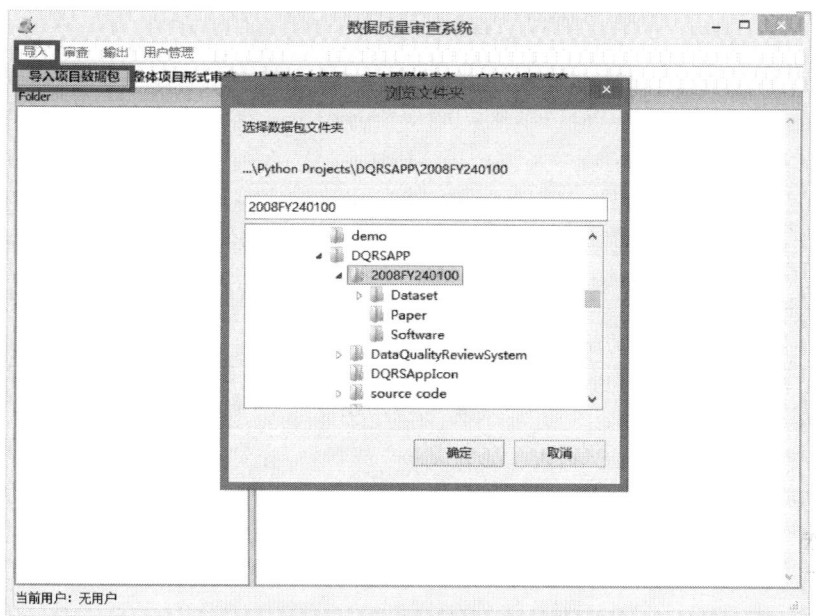

图 5-15　质量评价软件数据导入界面

数据包文件夹后,整个文件夹就被导入到系统中。在系统界面的左边可展开整个文件夹目录(图 5-16)。对于 Word 和 Excel 文档、pdf 文档、txt 格式文本文档以及常用的图像格式图片,双击文件,系统将直接启动运行环境自身所带的工具打开该文件。同时,系统还集成了打开栅格数据和影像数据的工具,方便用户查看。

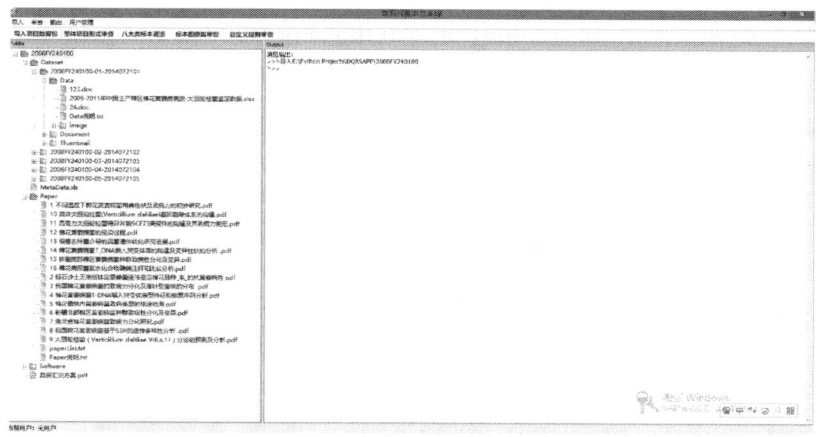

图 5-16　数据文件目录展示界面

(2) 数据审查

数据审查模块包括形式审查、八大类实体资源审查、实体资源图像集审查和自定义规则审查。用户可通过菜单栏的审查按钮进入这4个功能，也可直接通过快捷键按钮进行数据审查。

1）形式审查是对整个项目文件夹进行整体的审核，主要是审查数据资源汇交文件包的组织规范性和完整性。导入项目文件夹之后可点击菜单栏"审查—形式审查"或直接点击"整体项目形式审查"快捷按钮，系统将自动对该文件夹进行形式审查。

2）实体资源审查。主要审查八大类实体资源描述表（Excel格式）的必填项是否缺漏，是否为空值，内容是否符合数据限制。实体资源审查功能针对的是一个描述表文件，是单一文件的审查，无须导入项目文件夹。用户首先需要选择实体资源的类别，即八大类中的哪一类，然后选择要审查的对应该类别的标本资源描述表文件，单击"开始审查"按钮，系统开始进行审查，进度条实时提示数据审查完成的程度，具体如图5-17所示。

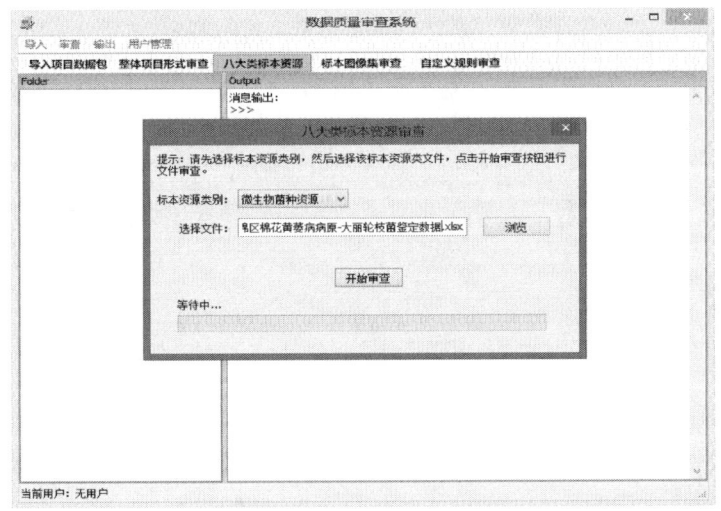

图 5-17　实体资源审查界面

3）实体资源图像集审查。主要针对带图像数据的实体资源，审查内容包括实际图像数量与描述表所记录的是否一致、描述表图像相对地址是否填写正确以及图像命名是否正确和存在该图像。图像集审查针对单一文件，不需要导入项目数据文件夹。进行图像集审查时，用户需选择待审查文件和该文件图像集对应的文件夹，点击"开始审查"按钮，系统将开始审查，进度条提示审查的实时进度，具体如图5-18所示。

第5章 科技基础性工作数据整编技术标准

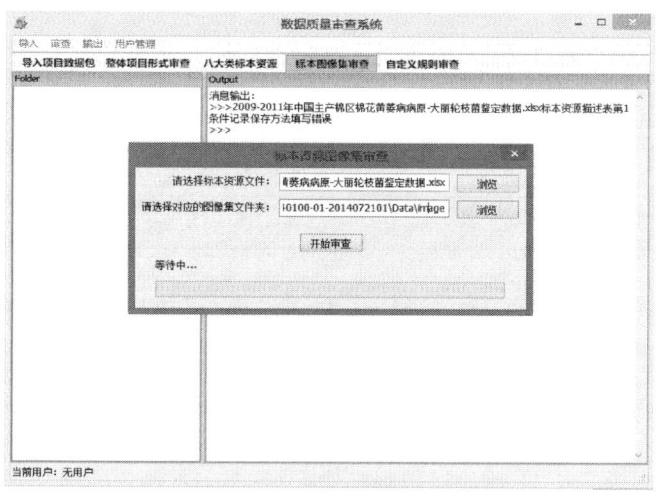

图 5-18　实体资源图像审查界面

4）自定义规则审查。该功能可自定义规则对数据资源进行审查，目前只支持数值规则的制定。首先输入要审核文件某一数值内容的描述符属性，选择数值条件（大于、小于和等于等），然后将数值限定输入到数值1和数值2中（对于只需要一个数值的情况，例如小于某个值，则填写数值1即可）。用户已制定的规则会存放在数据库，点击"已定义审查规则"按钮，弹出规则列表，双击某一规则，系统将自动填充上述的属性条件和两个数值。自定义规则也是针对单一文件，不需要导入项目文件夹，同时也需要用户选择待审查文件，点击"开始审查"按钮，系统即开始按照制定规则进行审查（图5-19）。

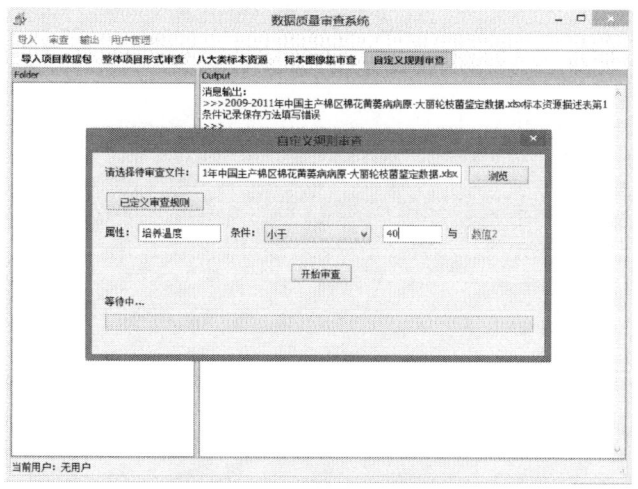

图 5-19　自定义规则审查界面

（3）审核结果输出

数据审查完成之后，审查结果会首先显示在系统主界面右边的"消息输出"处。若整个审查过程中，受审数据无错误，则没有消息输出，系统只显示当前受审数据存在的问题（图 5-20），每使用一次审查功能，系统都会将其记录下来，用户可随时查看。此外，在审查记录列表窗口，选择任一审查记录，点击鼠标右键还可将审查记录以 Word 文档格式存储到用户指定位置。

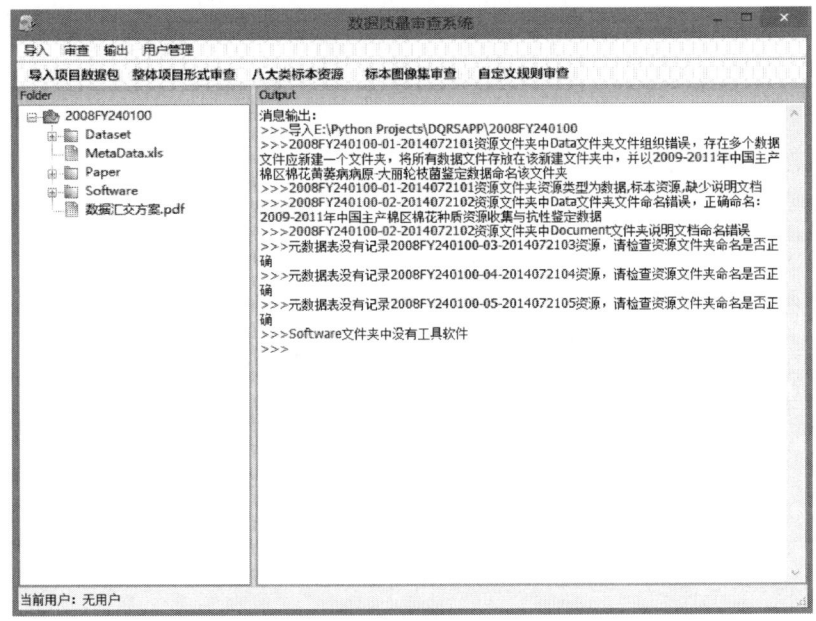

图 5-20　审核结果信息输出界面

5.5　科技基础性工作数据编目规范

科技基础性工作数据资料编目是基于规范化的数据资料元数据描述信息，按照一定的分类方法进行排序和编码，形成一组信息（目录）的过程。数据编目便于实现对科技基础性工作专项项目数据资料的查询检索、共享交换、统计分析与开发利用等。

5.5.1　编目原则

为了最终编排出系统化、规范化、合理化的科技基础性工作专项数据资料目

第 5 章　科技基础性工作数据整编技术标准

录，在编排目录的过程中需要遵循一致性、实用性、简洁性以及可扩展性等原则。

（1）一致性原则

科技基础性工作专项数据资料编目应与现有的国家、行业规范保持一致。各条目不得互相重复交叉，没有语义的冲突。

（2）实用性原则

科技基础性工作专项数据资料编目应以用户的实际需求（目录查询检索、开放共享、统计分析等）作为编目的权衡准则。编目结构与格式的设计、元素的增加与取舍等方面，应充分考虑其实用性。

（3）简洁性原则

在不影响科学性、实用性和用户体验，确保信息资源可以有效查询、统计分析等的基础上，编目应力求简洁，避免冗余信息和不必要的工作量。

（4）可扩展性原则

应允许使用者在遵循本规范扩展原则的前提下，对编目元素、子元素或属性值等进行扩展，以便能够适应未来编目资源的扩展，满足不同应用的需要。

5.5.2　编目内容与范围

科技基础性工作专项数据资料目录是对已完成汇交的科学数据、图集、志书/典籍、自然科技资源、标准物质、标准规范、计量基标准、专著与考察报告等，从数据特征信息和项目来源信息两方面对选择的元数据项进行的编排（图 5-21）。

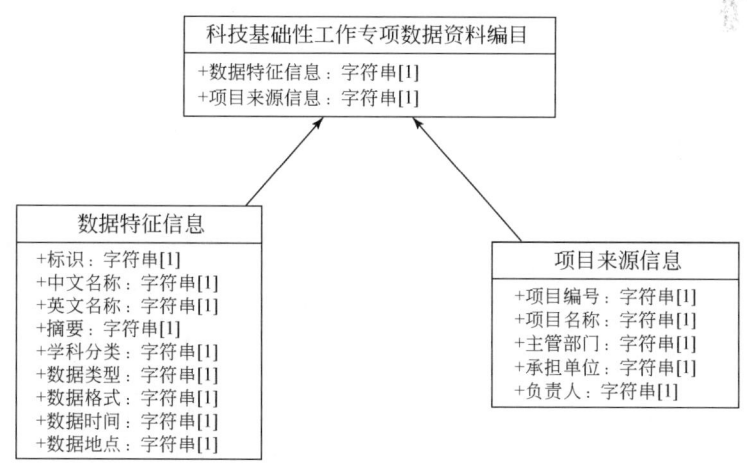

图 5-21　科技基础性工作专项数据资料编目内容

编目选择的元数据项包括：标识、中文名称、英文名称、摘要、学科分类、数据格式、数据时间、数据地点、项目编号、项目名称、主管部门、承担单位、负责人等，每个元数据项的具体定义如表 5-12 所示。

表 5-12 科技基础性工作专项数据资料编目属性描述

编目元素	英文名称	短名	类型	值域	可选性	最大出现次数
标识	data resource identifier	ID	字符串	自由文本	必选	1
中文名称	data resource Chinese name	CName	字符串	自由文本	必选	1
英文名称	data resource English name	EName	字符串	自由文本	可选	1
摘要	data resource abstract	abstract	字符串	自由文本	必选	1
学科分类	data subject	subject	字符串	自由文本	必选	1
数据类型	data resource type	type	字符串	自由文本	必选	N
数据格式	data resource format	format	字符串	自由文本	必选	N
数据时间	data resource time	time	字符串	自由文本	可选	1
数据地点	data resource site	site	字符串	自由文本	必选	1
项目编号	project number	prjNum	字符串	自由文本	必选	1
项目名称	project name	prjName	字符串	自由文本	必选	1
主管部门	supervised department name	department	字符串	自由文本	必选	1
承担单位	the first institute name	institute	字符串	自由文本	必选	1
负责人	PI name	PIName	字符串	自由文本	必选	1

注：N 代表不限次数

5.5.3 编目结构

科技基础性工作专项数据资料编目主要由主目录和索引目录两部分构成，其中主编目应与科技基础性工作专项数据资料分类与编码保持一致，采用三级编目：一级编目为数据资料分类与编码中数据类型分类编码的一级类（表 5-1），即科学数据、志书/典籍、自然科技资源、计量基标准（物理部分）、标准规范、文献资料；二级编目为科技基础性工作专项数据资料分类与编码中数据类型分类编码的二级类（表 5-1）；三级编目为科技基础性工作专项数据资料分类与编码中的要素特征类。三级编目下的具体编排可按数据资料中文名称拼音索引进行。索引目录至少提供两种：①所有数据资料中文名称拼音索引；②按"年度-主管部门-承担单位"编排的索引。

5.5.4 编目流程与方法

科技基础性工作专项数据资料编目工作是基于已经汇交审核通过的科技基础性工作专项数据资料进行的，编目流程包括：元数据和项目基本信息收集、元数据和项目基本信息质量校核、编目内容提取、编目、目录质量审核与入库等6个步骤，如图5-22所示。

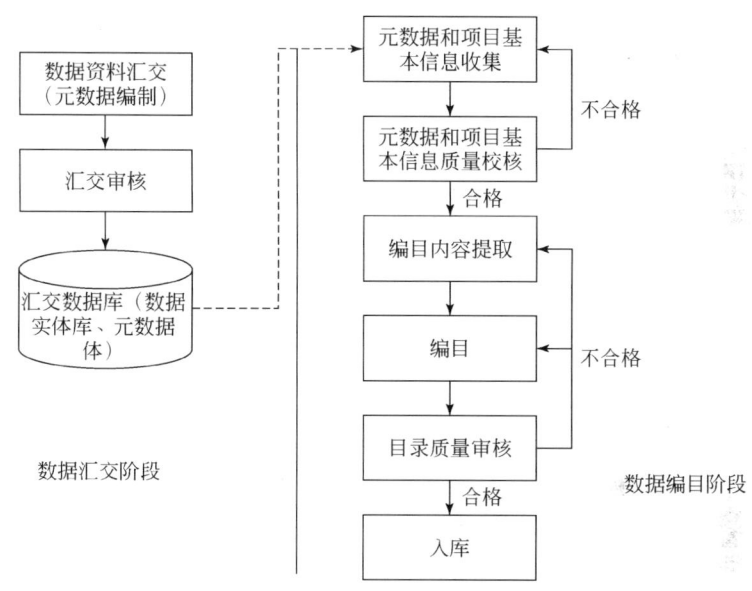

图 5-22 科技基础性工作专项数据资料编目流程

1）元数据和项目基本信息收集。基于审核通过的科技基础性工作专项数据资料库，收集用于编目的所有元数据和项目基本信息。

2）元数据和项目基本信息质量校核。以科技基础性工作专项数据资料元数据标准为依据，对收集到的元数据进行质量校核，确保用于编目的元数据信息的完整性和规范性，并对项目基本信息完整性和规范性等进行校核。如有问题，返回汇交审核人员，甚至是汇交单位进行修正。

3）编目内容提取。根据数据特征信息中涉及的编目内容，从元数据和项目基本信息中分别提取出用于编目的数据特征信息和来源项目信息项。

4）编目。按照指定的编目项，对编目元素进行编排，形成按特定编目项编排的科技基础性工作专项数据资料目录。一般情况下，编目元素按：标识、中文名称、英文名称、学科分类、数据类型、数据时间、数据地点、数据格式、项目编号、项目名称、主管部门、承担单位、负责人的顺序进行排序，也可根据编目目的，调整排列位置。

5）目录质量审核。从完整性、规范性、唯一性、一致性等方面对编目质量进行评价，直到符合本规范的编目要求。如有问题，重新进行编目，甚至是编目内容的重新提取。

6）入库。根据编目内容，设计数据库结构，将审核通过的目录，导入到数据库中，编写数据字典等。

5.5.5 扩展原则与方法

1. 扩展类型

科技基础性工作数据资料编目时，还可以根据实际需要对编目元素进行扩展，具体可从4个方面进行补充：①扩展编目元素的值域；②增加新的编目元素；③对已有编目元素增加更严格的限定；④对已有编目元素值域增加更多的限定。

2. 扩展原则

为了获得规范化、合理且不与已有元素产生冲突的扩展元素，科技基础性工作数据资料扩展编目时需满足以下原则。

1）扩展的编目元素不应是现有元素改名、改定义或改数据类型。

2）允许对现有编目元素施加更严格的限定，如编目元素在本规范是可选的，扩展后可以是必选的。

3）允许对现有编目元素域值施加更严格的限定，如域值为"任意文本"的元数据元素，扩展后可限定为一个闭合的取值范围。

4）允许对本规范规定域值的使用范围加以限制，如编目元素在本标准中域值有5个可用的值，扩展后可以规定只使用其中3个值。

5）不允许扩展本规范不包含的内容，如本规范规定编目元素域值有4个可用的值，扩展时不允许使用这4个值以外的值。

3. 扩展方法

编目扩展方法具体包括4个步骤：①检查本规范的编目内容，确定不适合具体应用的部分或需扩展补充的部分；②按照规定的扩展类型和扩展原则确定扩展的编目元素；③定义每一个扩展元素的特征；④对扩展内容进行规范的一致性测试。

第6章 科技基础性工作数据资料汇交管理软件平台

科技基础性工作专项数据资料汇交与规范化整编工作是一项工作量大且环节复杂的工作，清晰的流程和明确的步骤是确保该工作有条不紊进行的前提。同时，汇交数据具有学科领域广、类型复杂等特点，更是对汇交管理工作提出了巨大挑战。因此，如何实现科技基础性工作数据资料的有序汇交整编，并对已汇交数据资料进行高效管理是亟待探讨的问题。随着计算机、信息化等技术的飞速发展，构建相关的系统平台通常是简化复杂工作流程和提高工作效率的有效方法。本章首先从科技基础性工作专项数据资料汇交整编总体工作流程入手，概述整个数据资料汇交与规范化整编的软件平台体系及其成员间的关系，分析科技基础性工作数据资料汇交管理软件平台在整个软件平台体系中承担的角色，然后重点阐述软件平台的设计与实现过程。

6.1 数据资料汇交与规范化整编的软件平台体系

如前所述，整个科技基础性工作专项数据资料汇交与规范化整编可以分为4个阶段：汇交方案制定与数据整理阶段、数据资料汇交阶段、数据资料整编阶段以及数据资料管理与共享服务阶段。针对不同阶段工作任务的需求，设计和构建了一系列的工具和系统。这些工具和系统共同组成了科技基础性工作专项数据资料汇交与规范化整编的软件平台，如图6-1所示。

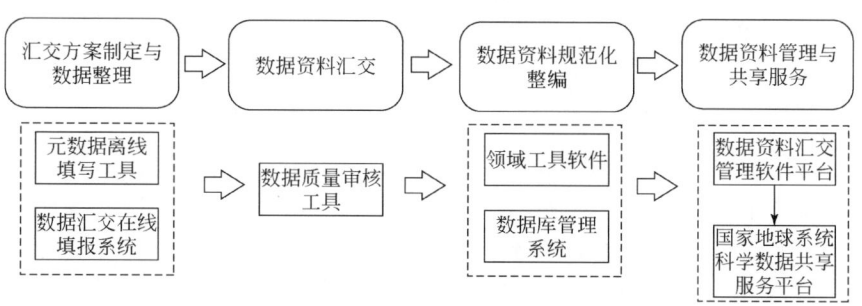

图6-1 科技基础性工作专项数据资料汇交与规范化整编软件平台体系

科技基础性工作数据汇交与整编模式、标准

汇交方案制定与数据整理阶段涉及两个系统：元数据离线填写工具和在线填报系统。该阶段的工作任务是根据项目任务书、申请书及项目实际执行情况，对项目产生的所有数据资料进行整理，撰写数据汇交方案，填写项目基本信息和元数据信息。

元数据离线填写工具用于辅助项目组线下填写项目基本信息和元数据。系统根据管理中心制定的元数据标准，通过友好的交互式用户界面（又称 UI 界面），为项目组提供元数据填写的离线工具，系统自动实现元数据项填写提示和正确性校验，填写完成后自动生成汇交需要的项目元数据文件。通过元数据离线填写工具可以有效保障项目基本信息和元数据信息录入的完整性和规范性。各项目组利用离线填写工具形成的元数据文件，可以提前提交给数据管理中心，进行元数据是否全面以及质量是否符合要求的初步审核，审核通过再将元数据上报到科学技术部的在线填报系统中。

在线填报系统（由科学技术部信息中心开发运营），用于在线填报项目基本信息、元数据信息，上传数据汇交方案等。项目组在线填写完成后，需要经过项目承担单位、主管部门和科学技术部的三级审核确认，最终结束元数据的汇交方案汇交，在线填报系统自动生成项目数据汇交文件包。

数据资料汇交阶段的工作任务是完成实体数据的汇交，涉及的工具是数据质量审核工具。由于科技基础性工作专项数据资料内容复杂、类型多样，汇交者需要按照规范化文件目录对汇交数据资料文件进行组织整理，以方便数据资料的管理和使用。数据质量审核工具就是用于协助对汇交数据资料的完整性、规范性和一致性等方面进行审核，确保数据质量满足科技基础性数据资料汇交规范。

数据资料规范化整编阶段的目标是在规范化整编技术标准的指导下，通过对原始汇交数据资料开展跨项目、跨领域的融合加工，形成打破项目边界、反映科技基础性工作数据资料全貌的国家级基础数据库。由于科技基础性工作专项数据资料涉及领域广泛，因此该过程通常需要借助相关领域的工具软件实现对原始数据资料的处理。规范化整编的成果需要进一步通过数据库管理系统进行高效存储和管理，并借助数据库技术为基于现有成果的应用和新成果挖掘奠定基础。

数据资料管理与共享服务阶段的任务是对已汇交的数据资料进行管理并对外提供数据共享服务。其中，数据资料管理通过数据资料汇交管理软件平台实现。该平台提供了数据资料检索、展示及下载等众多功能，可为数据资料管理工作提供强大支撑。同时，数据资料汇交管理软件平台还将相关功能封装成功能服务供国家地球系统科学数据共享服务平台调用，实现科技基础性工作数据资料向国家地球系统科学数据共享服务平台的推送，并依托国家地球系统科学数据共享服务平台对外提供数据共享服务。

第6章 科技基础性工作数据资料汇交管理软件平台

上述工具软件系统共同组成科技基础性工作专项数据资料汇交与规范化整编软件平台。这些软件工具相互联系，协同工作。元数据离线填写工具和在线填报系统是项目基本信息、元数据和汇交方案填写、审核并生成项目汇交数据文件包的基础性工具，为数据实体的汇交奠定了基础；数据质量审核工具则为数据实体汇交的完整性、规范性、一致性提供了保障；汇交的进度及其所有数据资料的管理则通过汇交管理软件平台实现，并通过服务接口的形式将所有汇交数据推送到国家地球系统科学数据共享服务平台，对外提供共享服务。通过这些软件工具的分工与合作，软件平台体系为科技基础性工作专项数据资料汇交与规范化整编工作的有序、高效开展提供了强有力的支撑。

在整个科技基础性工作专项数据资料汇交与规范化整编软件平台体系中，数据资料汇交管理软件平台不仅承担着对汇交数据资源的管理任务，还负责提供功能服务供其他系统调用，在整个软件平台体系中处于核心的角色。为了应对繁杂的业务功能需求以及汇交数据资料本身的复杂性，需要对软件平台进行精心的设计与实现。下文将分别从数据资料汇交管理软件平台的建设原则、总体架构、功能体系、技术路线和实现等方面对该软件平台的设计与实现过程展开详细阐述。

6.2 数据资料汇交管理软件平台建设原则

为保障科技基础性工作专项数据资料汇交管理软件平台的科学性和合理性，软件平台的建设遵循安全性、可靠性、健壮性、标准化、先进性以及可扩展性的原则。

（1）安全性原则

安全性原则是数据资料汇交管理软件平台需要遵循的首要原则。软件平台必须构建完善的安全保障体系，通过严格的数据加密方法、可靠的用户身份认证机制、稳定的防蓄意攻击架构等技术和方法确保汇交数据资料及整个软件平台的安全性。

（2）可靠性原则

可靠性是指在运行过程中软件平台不失效的概率以及能够成功执行用户操作的能力。可靠性通常与需求分析的准确性、架构设计的合理性、编码质量以及测试用例的覆盖程度等有关。因此，软件平台的设计与实现必须准确把握数据资料汇交管理的业务需求，通过合理的架构设计、高质量的编码实现以及充分的测试保障软件平台的可靠性。

（3）健壮性原则

健壮性又称为鲁棒性，是指软件平台对于规范操作以外的输入情况的容错能力。健壮性是度量软件平台质量的重要标准，直接反映了软件平台编码的水平。因此，软件平台的设计与实现应不断提升编码的质量，对用户的非规范操作进行正确识别，切实提高软件平台的健壮性。

（4）标准化原则

数据资料汇交管理软件平台的设计与实现不仅需要遵循相关的国际标准、国家标准、行业规范，还需要遵循科技基础性工作数据资料汇交与规范化整编过程中制定的技术标准。通过提升软件平台的标准化程度促进其在可靠性、健壮性和互操作能力等其他方面的能力。

（5）先进性原则

先进性原则要求数据资料汇交管理软件平台的设计与实现过程采用领域内先进、主流、应用成熟且符合发展趋势的技术选型、架构设计及应用方式等。通过先进的设计和实现方式，在保证软件平台可靠、健壮的基础上，努力提升软件平台的用户体验和持续发展。

（6）可扩展性原则

数据资料汇交管理软件平台设计需要遵循可扩展性原则，充分考虑业务需求的动态发展。通过"高内聚低耦合"的功能设计和模块划分理念，预留升级接口和扩展空间，切实提高软件平台的可扩展性，降低软件平台的修改和维护成本。

6.3 数据资料汇交管理软件平台总体架构

科技基础性工作专项数据资料汇交管理软件平台采用的总体架构如图 6-2 所示，该架构可以从逻辑上划分为 5 个层次（杨杰等，2017），自下而上分别是基础设施层、数据层、功能层、服务层和表现层。

基础设施层是软件平台正常运行的基本保障，主要包括硬件基础设施和软件基础设施。硬件基础设施有网络、服务器以及存储设备。软件基础设施是保障共享平台运行的软件环境，包括一切软件正常运行依赖的操作系统和各类应用服务软件，例如数据库管理软件。

数据层是对软件平台中所有数据的逻辑抽象，例如原始数据资料文件、规范化描述数据、核心元数据以及平台业务数据等。数据层通过基础设施层提供的文件存储系统、数据库管理软件的工具对涉及的各类数据进行存储和管理，并通过数据访问接口供功能层进行数据获取，从而为业务处理过程提供数据支撑。

| 第 6 章 | 科技基础性工作数据资料汇交管理软件平台

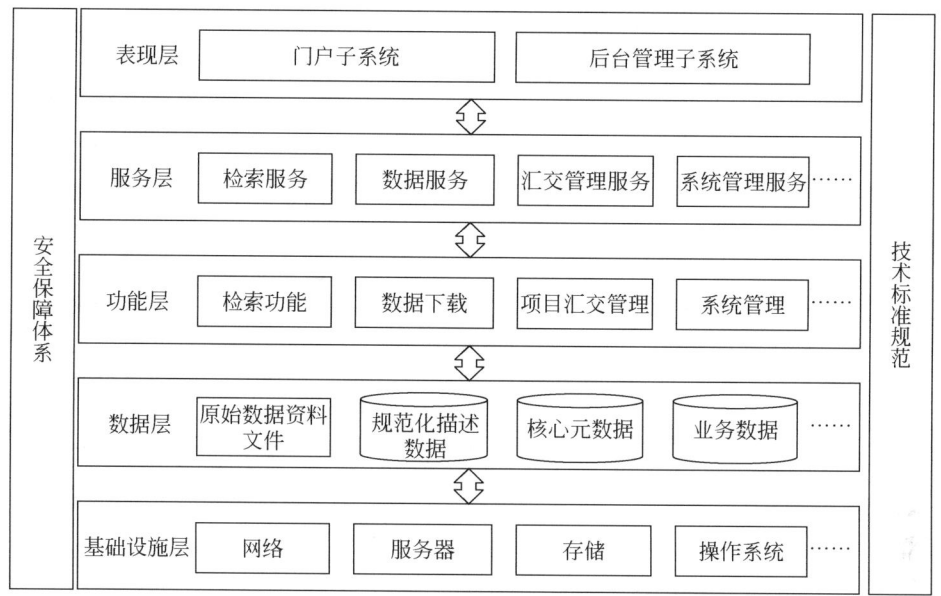

图 6-2 科技基础性工作专项数据资料汇交管理软件平台总体架构

功能层负责完成对用户请求操作的具体处理。不同请求操作的处理通常被封装为不同的功能模块，所有功能模块共同组成了软件平台的功能层。在具体业务处理中，功能层可根据需求与数据层进行交互，包括从数据层获取当前业务处理需要的数据以及将处理结果存储至数据层。

服务层是对功能层的封装。将软件平台功能按照一定的粒度包装并发布成服务，提供给平台内部其他模块或平台外部其他系统进行调用，可实现软件平台功能的重用，降低平台代码冗余，提高平台开发速度。

表现层是用户与软件平台进行交互的接口。用户通过表现层向软件平台输入操作请求，软件平台则通过表现层向用户展示处理结果。根据面向用户类型的不同，软件平台的表现层可以分为门户子系统和后台管理子系统两部分。其中，门户子系统面向的是普通用户，主要提供数据检索、下载等功能；后台管理系统面向的是管理员用户，负责对门户子系统展示内容的管理、数据的更新等操作。

为了确保软件平台安全、科学、合理，以上各层次的设计与实现必须基于严格的安全保障体系，并遵循相关的技术标准规范。

6.4 数据资料汇交管理软件平台功能体系

科技基础性工作专项数据资料汇交管理软件平台的功能体系如图 6-3 所示。

软件平台被划分为门户子系统和后台管理子系统。其中，门户子系统包括信息检索模块、数据下载模块和用户中心模块；后台管理子系统包括项目汇交管理模块和系统管理模块。

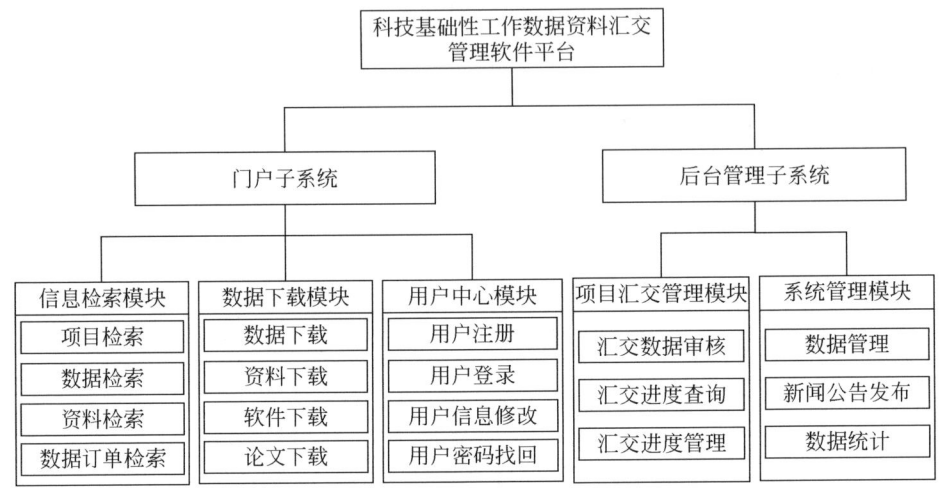

图 6-3　科技基础性工作专项数据资料汇交管理软件平台功能体系

信息检索模块包括项目检索、数据检索、资料检索和数据订单检索等功能。用户可以通过项目检索功能根据输入的项目名称、项目时间、项目承担单位等信息查询到需要的项目。项目检索的结果中包含有项目数据的链接，用户可以进一步导航至具体数据资源，从而下载到需要的数据。数据检索功能允许用户直接根据数据的名称、学科名称、数据资源类型等信息对数据进行检索，检索结果中还含有数据所属项目信息等链接，可以方便用户查询导航至相关项目，并进一步浏览或下载同一个项目的其他数据。平台中的资料是指在基础性工作数据汇交过程中制定的标准规范、培训讲义等文件；数据订单是用户在数据查询中申请下载的业务数据，用户也可以通过检索功能对这两类信息进行检索。

数据下载模块是科技基础性工作数据资料汇交管理平台的核心模块，是实现数据资源获取的接口。模块包括数据下载、资料下载、软件下载、论文下载等功能。数据下载是指对数据、图集、志书/典籍、标本资源规范化描述信息、标准规范、论文专著、研究报告的电子数据资源进行下载，数据下载时需要用户提前在平台中注册并登录。数据下载的流程是：用户先选择需要的数据加入到数据推车中，再将数据推车中的数据生成数据订单，平台将根据用户的订单内容将数据进行压缩打包，用户可在数据订单列表中查询到订单处理信息，待压缩打包完成后用户可下载结果数据。软件和论文是指在基础性项目中辅助项目浏览和处理数据

| 第 6 章 | 科技基础性工作数据资料汇交管理软件平台

的软件工具和产生的论文成果,这两类数据不需要用户在平台注册和登录,在项目检索结果中含有这两类数据资源的下载链接,供用户直接下载。资料下载也不要求用户在平台中注册和登录,用户可在资料下载页面直接下载。

用户中心模块是平台跟用户相关功能的集合,包括用户注册、用户登录、用户信息修改、用户密码找回等功能。在注册过程中,用户需要填写用户名、用户真实姓名、密码、邮箱、联系电话、工作单位等信息,平台会根据用户的输入实时判断用户名和邮箱是否已经被其他用户注册,并提示用户。注册完成之后用户可以根据用户名和密码进行登录。通过用户信息修改功能,用户可以对自己的注册信息进行更新。用户密码找回功能通过官方邮件向用户注册的邮箱发送密码重置链接,用户通过该重置链接可实现密码重置,从而应对密码遗忘的情况。

项目汇交管理模块面向管理员用户,协助管理员管理项目数据资源汇交过程,包括数据汇交审核、汇交进度查询、汇交进度管理。基础性项目数据汇交过程包括汇交方案和元数据提交、实体数据提交和验收 3 个阶段,汇交内容在每个阶段中只有被审核通过后才能进入下一阶段。管理员通过数据汇交审核功能决定数据汇交过程能否进入下一阶段。通过汇交进度查询功能,管理员可查询指定项目的汇交进度和处于某一汇交阶段的所有项目。如汇交内容通过审核,则管理员用户可通过汇交进度管理功能修改项目汇交的状态信息,更新项目汇交进度。

系统管理功能模块面向管理员用户,包含数据管理、新闻公告发布和数据统计功能。管理员用户通过数据管理功能可以实现数据、资料、软件、论文等资源的发布和取消发布。新闻公告发布功能负责对平台新闻公告版面内容的管理。数据统计功能主要对平台中的项目数、数据量、平台访问量等数据进行统计展示。

6.5 数据资料汇交管理软件平台技术路线

6.5.1 通用技术

根据软件平台的建设原则,项目采用了先进的主流成熟技术进行开发,其技术路线如图 6-4 所示。该技术路线的总体构成是:以 SpringMVC 框架作为软件平台的基础框架,采用 MVC(model view controller,模型-视图-控制器)分层设计模式实现对软件平台各功能模块的组织。视图层主要采用 BootStrap 框架和 Ajax 技术实现软件平台的界面展示和数据请求加载;控制器层按照服务层、业务功能层和数据访问层(DAO)的组织方式逐级实现对用户请求的处理和模型层的访问。采用 Memcached 对访问响应进行缓存以提升软件平台性能和用户体验,采用持久层框架 MyBatis 简化结构化数据的访问业务代码编写；模型层分别以 MySQL 和 MongoDB 实现结构化数据和非结构化数据的存储，并以 IKAnalyzer 和 Solr 的组合实现数据的全文检索功能。下文将分别对这些技术进行简介。

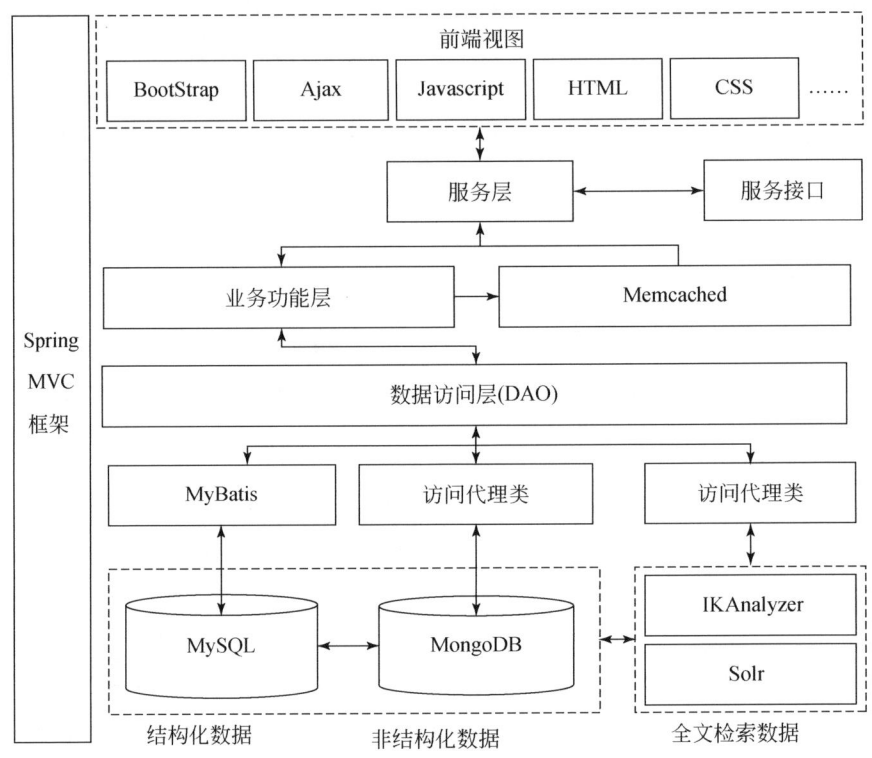

图 6-4 科技基础性工作专项数据汇交管理平台技术路线

（1）Spring MVC 框架

Spring MVC 全称 Spring Web MVC，是一种使用 Java 语言编写的 Web 框架。该框架使用 MVC 设计模式为 Web 应用开发提供解决方案，实现了 Web 层不同模块的职责解耦，可有效简化 Web 开发流程并提高 Web 开发效率。Spring MVC 是 Spring 项目的一个模块，继承了 Spring 中诸如控制反转和切面编程能力等强大特性，可与 Spring 及其包括的其他项目进行无缝集成，具有灵活性强、容易扩展等优点，已被广泛应用于各种 Web 应用项目中。

Spring MVC 各主要组成部分的角色划分清晰，主要包括前端控制器（DispatcherServlet）、处理器映射（HandlerMapping）、处理器适配器（HandlerAdapter）以及视图解析器（ViewResolver）等组成部分。其中，前端控制器 DispatcherServlet 是统一的访问点，负责全局的流程控制；HandlerMapping

第 6 章　科技基础性工作数据资料汇交管理软件平台

将请求映射为 HandlerExecutionChain 对象［包含一个 Handler 处理器（页面控制器）对象、多个 HandlerInterceptor 拦截器］；HandlerAdapter 将处理器包装为适配器，通过适配器设计模式实现对多类型处理器的支持；ViewResolver 将逻辑视图解析为具体的 View，使其被 Model 模型数据进行渲染。这些组成部分相互协作，共同完成从用户访问到结果返回的完整流程。

（2）Bootstrap

Bootstrap 是由 Twitter 公司发布的基于 HTML、CSS 和 JavaScript 开发的前端框架。该框架提供了优雅的 HTML 和 CSS 规范，具有使用简单、界面直观以及功能强大等特点，可以使 Web 开发变得更加快捷。Bootstrap 一经推出后，受到了国内外开发者的广泛欢迎，当前已经被应用到大量的项目中并成为 GitHub 上热门的开源项目。Bootstrap 通过全局的 CSS 设置、定义基本的 HTML 元素样式、可扩展的 class 以及一个先进的网格系统实现 Web 页面的快速定制和布局，不仅提供了图像、下拉菜单、导航、警告框、弹出框等十几个功能强大的自定义组件，还允许用户根据自己的需求开发定制组件，具有良好的扩展性。

（3）Ajax

Ajax 是 Asynchronous JavaScript And XML 的简称，即异步 JavaScript 和 XML，是一种创建交互式应用的网页开发技术。Ajax 通过其核心对象 XMLHTTPRequest 基于 JavaScript、XML、HTML 与 CSS 等 Web 标准，采用非阻塞方式实现浏览器与 Web 服务器之间的异步数据传输，可产生局部刷新的效果，从而具有更快、更强的交互性，极大提高了用户体验。此外，Ajax 是一种独立于 Web 服务器软件的浏览器技术，被所有的主流浏览器支持，具有易于安装、维护和开发等诸多优势。

（4）Memcached

Memcached 是一个开源的高性能分布式内存对象缓存系统。该技术基于一个存储键/值对的 HashMap，将数据库查询结果缓存在内存中。当出现相同访问时，则直接从缓存中获取结果，从而达到减轻数据库负载并加速动态 Web 应用程序的效果。Memcached 简单而强大，具有部署快速、易于开发等优点，提供的 API 支持 Java 等多种流行的编程语言，当前已被广泛应用于 Web 程序性能优化等领域中。

（5）MyBatis

MyBatis 源于 Apache 的开源项目 iBatis，是一个基于 Java 语言编写的优秀持久层框架。持久层的核心操作即为持久化，持久化是指将瞬时数据（如内存数据）转化为持久数据（如数据库数据）的过程。MyBatis 可通过简单的 XML 或注解来配置和映射原生信息，将接口和普通 Java 对象映射成数据库中的记录，同时通过对定制化 SQL 和存储过程的支持，避免了几乎所有的重复性 JDBC 代码编写、手动参数设置以及结果集获取，从而极大简化了数据库访问的编码过程。

（6）MySQL

MySQL 最初由 MySQL AB 公司开发，当前属于 Oracle 旗下产品，是最流行的关系型数据库管理系统之一。该数据库将数据保存在不同的表格中，并通过数据库最常用的标准化查询语言 SQL 实现对存储数据的访问和操作，具有体积小、速度快以及使用成本低等特点。当前，MySQL 已被广泛应用于 Web 应用的数据存储和管理中，特别是中小型网站的开发通常将 MySQL 作为数据库的优先选择。在本平台的实现中，MySQL 主要用于存储结构规则的规范化描述数据、核心元数据和平台业务数据。

（7）MongoDB

MongoDB 是一个基于分布式文件存储的数据库，旨在为 Web 应用提供可扩展的高性能数据存储解决方案。MongoDB 采用 BSON 格式将数据存储在模式自由的集合中，适于存储复杂的对象数据类型。MongoDB 还支持类似于面向对象语法的查询语言，其强大的功能几乎可以实现类似关系数据库单表查询的绝大部分功能，而且还支持对数据建立索引。此外，MongoDB 还具有高性能、易部署、易使用并支持多语言网络访问等优点，被广泛应用于实时数据处理、缓存和非结构化数据存储等多种场景。在本平台的实现中，MongoDB 主要用于存储复杂的原始数字化文件结构信息，以便于快速的文件浏览。

（8）IKAnalyzer

IKAnalyzer 是一个基于 Java 语言开发的开源轻量级分词工具包。该工具包采用"正向迭代最细粒度切分算法"，支持细粒度和智能切分两种切分模式，具有高速的分词处理能力，通过多子处理器分析模式，支持对英文字母、数字以及中文词汇等的分词处理。IKAnalyzer 还支持用户词典扩展定义，通常与 Solr 等结合使用，可极大提高全文检索的命中率。

（9）Solr

Solr 是一款优秀的全文搜索引擎，它通过提供类似于 Web Service 的 API 接口实现用户的访问请求和响应。Solr 采用 Java 语言，基于 Lucene 开发，同时提供了比 Lucene 更为丰富的查询语言，并实现了可配置、可扩展以及对查询性能的优化。Solr 提供了高效而灵活的缓存功能、垂直搜索功能、高亮显示搜索结果等功能。在此基础上，还提供了基于 Web 的管理界面等，是实现 Web 应用全文检索功能的最常用技术。

6.5.2 平台关键技术

科技基础性工作专项数据资料汇交管理软件平台以提升用户体验，实现强大的项目数据查询检索为目标，实现了以下3项关键技术。

(1) 支持跨项目、跨类型、递进式检索的数据关联方法

软件平台根据科技基础性工作数据资源特点，设计了从资源实体到数字化信息再到核心元数据的自下而上、逐步集成的数据组织框架。框架中核心元数据的结构设计对实现跨领域项目、跨资源类型、递进式数据检索功能至关重要。核心元数据内容中不仅包含了各种数据资源类型的共性特征，而且包含了项目来源信息。其中，数据资源共性特征实现了核心元数据与数据资源的关联，项目来源信息是核心元数据与项目信息连接的纽带。基于该数据组织框架，在纵向上，用户可以先检索项目信息，再检索与项目相关的元数据信息，进而检索到元数据对应的数据资源及其相关信息，从而实现递进式数据检索；在横向上，用户可以检索相同项目下的不同数据、不同项目下的相同或相似数据，实现跨项目、跨资源类型的数据检索。

(2) 高准确度的数据检索方法

在数据的检索过程中，用户通常是在平台数据搜索页面的搜索框中输入与目标数据资源相关的关键词，通过关键词与数据库中的核心元数据内容进行匹配来寻找用户需要的数据。这一做法的弊端是查询结果的质量高度依赖于关键词与元数据分词时所基于的词库，由于软件平台涉及的数据资源为科技资源，专业术语众多，致使这个问题尤为突出。平台的解决方案是先抽取核心元数据库中所有数据的关键词内容，将其加入到 Solr 软件的词库中，再根据该词库将用户输入的关键词和核心元数据内容进行分词，进而进行匹配。除此之外，平台还对用户的搜索关键词进行记录和统计，并将用户搜索频率较高的词同时加入到词库中，从而大大增加了数据检索的准确度，提升了用户体验。

(3) 大数据量文件信息的流畅展示方法

基础性工作汇交的原始数据组织结构复杂，不仅存在文件夹多层嵌套的情况，而且数据文件个数变动也很大，从几个到几万个文件不等。在大数据量的情况下，要在用户的浏览器客户端一次性展示上万个文件信息，不仅对系统数据读取是一个巨大的挑战，而且会严重降低数据浏览的用户体验。如果采用关系型数据库对这些文件夹和文件的相对关系进行保存，再通过数据库的关联查询实现数据组织结构的重组并分页展示。上万级别的频繁关联查询势必降低平台的服务性能，为此，平台针对汇交数据资源原始文件目录规范、稳定的特点（数据组织结构一般

不会变动），采用非关系型数据库 MongoDB 对这些文件夹和文件的相对关系以 json 文件进行存储，并进行了分页组织。该方法实质上是利用一种静态化处理的思想，避免了关系型数据库的频繁关联查询，从而提高客户端的数据浏览速度，保证了平台的性能。

6.6 数据资料汇交管理软件平台实现

基于前文介绍的框架技术，项目采用 B/S（浏览器／服务器模式）结构，基于 Java 语言开发实现了数据资料汇交管理软件平台。采用的软硬件环境如下。

（1）硬件环境

Web 服务器配置为：CPU 1Ghz 或更高，硬盘不少于 40G，内存 512M 以上；数据库服务器配置为：CPU 1Ghz 或更高，硬盘不少于 120G，内存 512M 以上；网络带宽要求为 2M 以上。

（2）软件环境

操作系统要求为 64 位 Linux 3.10 内核及以上；JDK 7 或更高；Tomcat 6.5 或更高；MySQL 5.6 及以上；MongoDB 4.0 及以上；Solr 6.4.2 及以上。

与设计相对应，软件平台分为门户子系统和后台管理子系统两个部分。其中，门户子系统主要面向软件平台的普通用户，用于项目组内部的数据检索和共享；后台管理子系统主要面向管理员用户，用于协助科学数据管理单位对汇交的数据资料进行高效的管理。限于篇幅，以下仅对两个子系统的核心功能作简要介绍。

（1）数据资料汇交管理软件平台门户子系统

门户子系统的首页界面如图 6-5 所示。子系统的布局总体上分为导航工具栏和内容展示区两部分。上方是导航工具栏，包括登录、注册和帮助中心的入口链接以

图 6-5　数据资料汇交管理软件平台门户子系统界面

| 第 6 章 | 科技基础性工作数据资料汇交管理软件平台

及首页、数据资源、项目资源、资料下载、新闻动态和关于本站等导航栏目。内容展示区包括新闻、通知公告显示、学科分类导航以及最新数据资源列表等内容。

数据资料获取是门户子系统最为核心的操作，用户首先在数据资源栏下通过关键词对数据资料进行检索，并通过学科分类、资源类型和共享方式对检索结果进行筛选以便更加精准、快速地查询到目标数据资料，如图6-6所示。

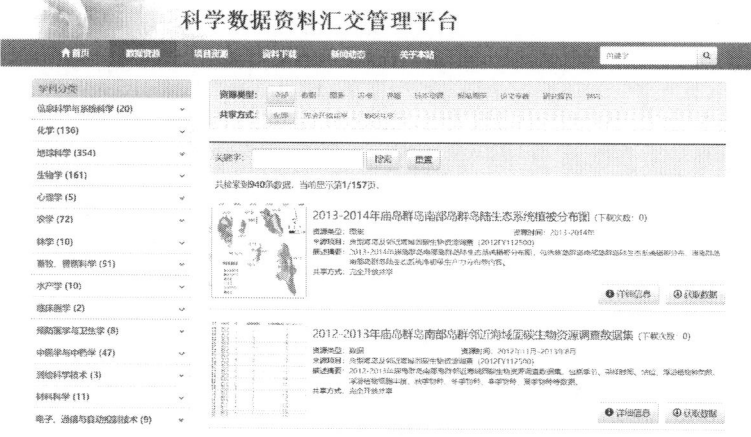

图 6-6　数据资料检索界面

针对每一条检索结果，用户可以查看每条数据的元数据，并进一步通过点击"获取数据"按钮，登录后获取数据资料。图6-7和图6-8展示了获取数据资料的流程：首先选择需要的数据加入到数据推车中，然后将选择的数据生成订单，最后待其压缩完成之后在数据订单列表中进行下载。

图 6-7　数据资料选择界面

科技基础性工作数据汇交与整编模式、标准

图 6-8 数据订单界面

（2）数据资料汇交管理软件平台后台管理子系统

进入后台管理前需要使用管理员用户登录。子系统包括管理首页、项目管理、汇交进展、统计分析、资料下载和新闻动态等栏目。其中，汇交进展、项目管理和统计分析是子系统的核心功能。

汇交进展管理界面如图 6-9 所示。通过该功能，管理员可查询和编辑每个项目的汇交进度和审核状态，从而辅助数据资料汇交工作的有序进行。汇交进展管理中可以看到项目在方案汇交阶段、实体数据汇交阶段、验收阶段的不同进度。

图 6-9 汇交进展管理界面

- 124 -

第6章 科技基础性工作数据资料汇交管理软件平台

方案汇交阶段包括提交和审核两个环节，汇交方案成功提交后提交状态显示为"已提交"，汇交方案审核通过后审核状态显示为"审核通过"。实体数据汇交阶段同样包括提交和审核两个环节，实体数据成功提交后提交状态显示为"已提交"，实体数据审核通过后审核状态显示为"审核通过"。验收阶段包括项目的验收状态，所有内容验收通过后，验收状态显示为"验收通过"。以上各阶段和环节都严格按照先后顺序进行，只有完成前面的步骤才能进入后面的步骤。当项目的汇交进度发生变化时，管理人员可以通过编辑功能将其修改为对应的状态。

项目管理模块实现对项目及其相关资源的管理，其界面如图 6-10 所示。勾选项目后，通过发布和取消发布功能可以控制该项目在门户子系统的可见性。项目发布后，发布状态为"已发布"，门户子系统可检索到该项目的相关信息；取消项目发布，发布状态被修改为"未发布"，门户子系统中无法检索到该项目的相关信息。除此之外，管理人员还可以进一步精确控制是否发布与该项目相关的论文、软件以及元数据等资源，如图 6-11 为元数据的管理界面。

图 6-10 项目汇交管理界面

统计分析模块的界面如图 6-12 所示，以 2006 年、2007 年、2008 年、2009 年及 2011 年的项目数据为例展示了该模块的包含内容。统计分析的内容项包括数据汇交进展、已汇交项目元数据量、已汇交数据资源量以及系统访问量等。数据汇交进展项同时从汇总和分年度两方面对比各数据汇交阶段的项目数量及其与需汇交项目的总数量；已汇交项目元数据量展示了已汇交元数据的总数和各年度分别的数量；已汇交数据资源量项展示了已汇交数据资源的总量及各年度分别汇交的数据量；系统访问量统计了系统访问次数随时间的变化情况。

|科技基础性工作数据汇交与整编模式、标准|

图 6-11 元数据管理界面

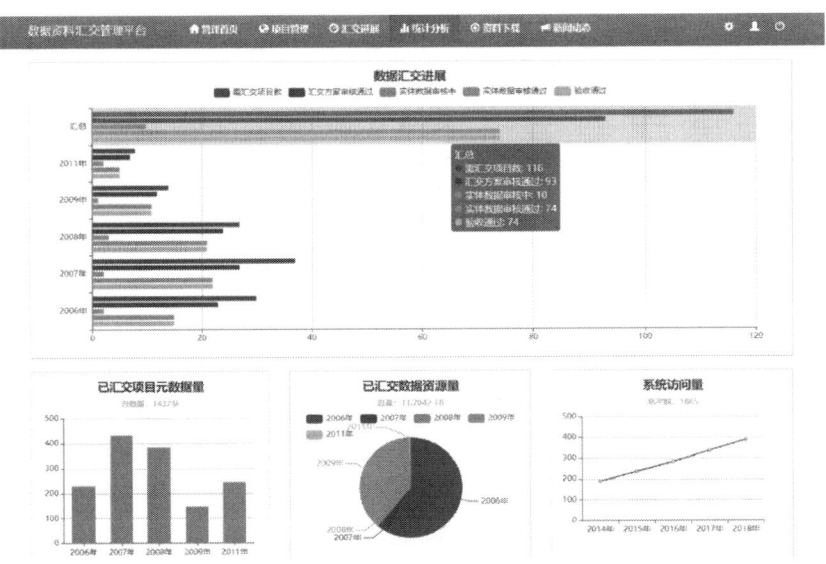

图 6-12 统计分析模块界面

第 7 章 科技基础性工作数据资料汇交与整编实例

本章以科技基础性工作专项重点项目——"电离层历史资料整编和电子浓度剖面及区域特性图集编研"(2008FY120100)为例,利用前述章节提出的规范与技术标准,详细阐述其数据汇交方案编制、元数据编写、数据文件整理、数据整编与集成,以及数据库设计与建库等方面,进而为其他国家科技计划项目数据资料的集成、整编与共享等提供借鉴参考。

7.1 项 目 概 况

电离层是由太阳高能电磁辐射、宇宙线和沉降粒子作用于地球高层大气,使之电离而生成由电子、离子和中性粒子构成的能量很低的准中性等离子体区域(刘颖真等,2013)。电离层数据通常包括电离层频高图、电离层特征参数、电子浓度剖面图以及电离层地区特性图等数据资料和图件。为了抢救和保护我国电离层重要历史资料,促进电离层数据的共享和利用,科学技术部于2008年启动了科技基础性工作专项重点项目——"电离层历史资料整编和电子浓度剖面及区域特性图集编研"(2008FY120100)(以下简称"电离层项目")。该项目由中国科学院地质与地球物理研究所牵头(项目首席科学家:宁百齐研究员)、中国科学院地理科学与资源研究所等单位参加。

项目的目标[①]是对武汉空间环境野外科学观测研究站(简称武汉电离层站)60年历史积累的电离层测高仪手动人工观测、胶片频高图和数字频高图资料,按国际新标准统一进行度量、处理和参数提取,获得完整的我国中部(武汉)电离层参数、频高图和电子浓度剖面等数据集。同时收集我国及周边有关电离层台站资料,通过定点定期的流动观测,获得我国电离层观测空白区资料,在此基础上研究编制代表性电离层频高图、电子浓度剖面图集和年际中国电离层地区特性图件,形成我国历史最久、连续性最好,符合国际标准规范的电离层特性数据集和图集,

---

① 参见科技基础性工作专项重点项目(2008FY120100):"电离层历史资料整编和电子浓度剖面及区域特性图集编研"项目实施方案

从而全面地揭示出我国电离层时间和空间变化特性，为我国电离层地区特性等基础科学研究，提供重要的基础性资料，同时也为我国地球空间环境预报和相关空间技术研究，提供多种电离层参量信息保障。

项目的主要研究与工作内容是：①整编武汉电离层站 1946～1956 年手动人工观测频高图资料报表、1957～1991 年胶片频高图资料，1992～2006 年数字频高图等电离层资料，并按国际标准对其记录方式进行标准化校正和处理，形成完整的电离层数据集和图集，为研究电离层远东异常、电离层气候学和中国电离层模式等重大课题提供基础资料；②编制武汉 1946～2006 年的季、年际电离层参数、频高图、电子浓度剖面以及电离层扰动变化典型图集，并对其分类研究，加深对我国电离层形态和长期变化的认识，对国际上提出多年，但一直未能解决的电离层远东异常重大科学问题，提供可供分析研究的重要观测数据；③研究编制年代际中国电离层地区特性变化系列图，进一步加深对我国不同地区电离层结构和变化，以及它们的相互关联的认识，更全面地了解我国电离层随时间和空间的变化特性，为建立我国电离层模式和有关预报方法研究提供重要基础资料；④对我国有关区域进行补充定点观测，弥补中国地区特性变化图集编研区域资料缺陷；⑤针对电离层数据集及其产品的特点，建设电离层专题数据库及其管理系统，实现电离层项目收集、整理、生产的所有数据集及其产品的规范化入库和管理。

电离层项目的预期成果及考核指标是：①按国际标准统一整编处理 1946～2006 年武汉电离层数据集和图集，特别包括模拟频高图-数字频高图转换标准，1957～1991 年，武汉电离层垂直探测得到约 119 万张具有无压缩格式，保留胶片频高图所有信息的数字频高图和相应的电离层电子浓度剖面图。②1946～2006 年的季、年际中国中部电离层频高图，电离层电子浓度剖面以及电离层扰动变化典型图集。它以长时间序列给出我国中部电离层平静、扰动等空间环境状态下电离层参数、频高图、电子浓度剖面和电离层异常现象等典型图像。③中国电离层地区特性变化图。它是以我国地处电离层北赤道峰南北大背景下，从空间和时间上给出我国电离层变化特性和典型状态的基础资料。④为配合我国电离层空白区定点观测需要，改造形成适合项目要求的流动式电离层数字测高仪系统、实时控制和处理软件和符合国际标准的数字频高图度量处理软件。⑤胶片频高图转换为数字频高图的规范和处理方法，频高图数字化后度量标准、技术、信息提取和电子浓度剖面反演方法以及相应的软件。⑥电离层专题数据库建设规范、电离层元数据标准和数据文档编写规范，电离层专题数据库及管理系统。

第7章 科技基础性工作数据资料汇交与整编实例

7.2 项目数据资料分析

电离层项目涉及的数据资料主要有电离层频高图、电离层参数、电离层参数报表与特征曲线、区域电离层特征图等4类(图7-1)。4类数据总容量为2.64GB,数据文件数量超过20 000个,时间跨度近60年。其中,电离层频高图是利用电离层测高仪(垂直观测),通过胶卷照相的方式,以每15分钟1次的频率进行连续观测所记录的原始数据;其余3类数据则是对电离层频高图数据进行融合、反演、校正等多种处理后,形成的二次加工数据[①]。4类电离层数据均包含有完整的时空与观测站点信息,并分别以图片、表格、文档、SAO(电离层数字频高图标准文档输出格式)以及Access数据库等多种格式进行存储。

电离层项目数据资料,从其观测的特点分析,具有空间垂直分布性、时间连续性、高频率性等特点;从数据本身的存储结构和类型格式来看,电离层数据呈现出采集、生产方式和存储媒介不同,数据量纲多样性,以及不同电离层数据之间存在着很强的逻辑关联性和时间关联性。

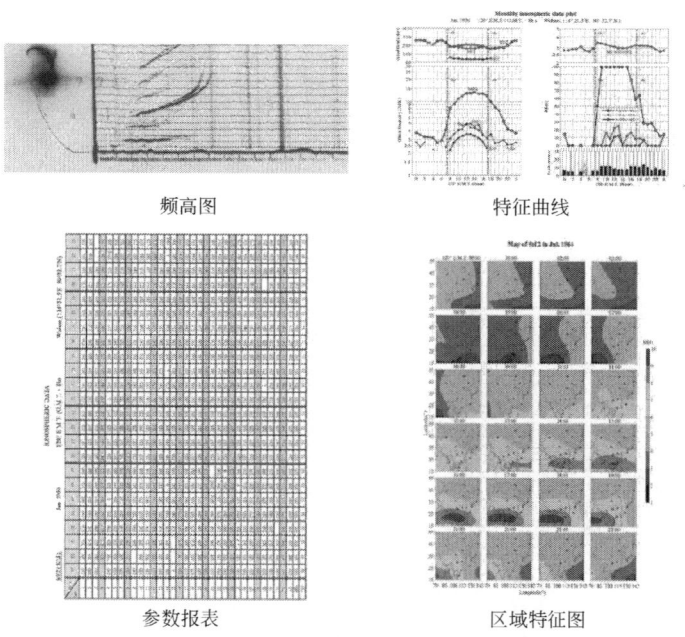

图 7-1 电离层数据示例

---

① 参见科技基础性工作专项重点项目(2008FY120100):"电离层历史资料整编和电子浓度剖面及区域特性图集编研"项目数据说明文档

7.3 汇交方案

依据第 4 章提出的数据汇交方案模板，在充分分析本项目数据成果的基础上，从项目基本信息、项目计划任务书规定的任务和考核指标及调整情况、汇交资源内容、质量控制等 4 个方面编写了项目数据汇交方案，具体如下（其中涉及个人的部分信息已略去）。

（1）项目基本信息

项目基本信息如表 7-1 所示。

表 7-1 项目基本信息

项目编号		2008FY120100		所属类型		☑重点 　■一般	
项目名称		电离层历史资料整编和电子浓度剖面及区域特性图集编研					
第一承担单位		中国科学院地质与地球物理研究所		项目依托部门		中国科学院	
成果类型		☑论文和著作　□考察报告　☑科学数据□新产品（或农业新品种） ☑科学规范　□新方法、新模式　☑计算机软件　□生物样本　□人才培养 □重要标准　□专利　☑图集图件　□其他					
项目起止时间		2008 年 12 月 31 日至 2013 年 12 月 31 日		项目经费（万元）		882	
项目负责人	姓名	宁百齐	性别	男	电话	—	
	专业	空间物理	职称/职务	研究员	手机	—	
	电子邮件	—			传真	—	
	单位	中国科学院地质与地球物理研究所					
数据汇交联络人	姓名	赵秀宽	职称/职务	高级工程师	电话	—	
	电子邮件	—			手机	—	
	单位	中国科学院地质与地球物理研究所			传真	—	
	通讯地址	北京市朝阳区北土城西路 19 号			邮编	100029	
成果简介	项目组根据基础性工作专项任务书的要求，完成了有关研究和技术报告，技术规范和标准文件，各类分析处理软件，电离层数据集和图集等。具体包括： 1. 电离层胶片频高图数字化和度量分析质量控制技术规范。 2. 电离层频高图参数提取标准和指南。 3. 胶片频高图扫描和数字化处理系统。 4. 胶片频高图校正、度量和反演处理软件。 5. 胶片频高图自动（半自动）度量和反演分析方法研究报告。 6. 电离层胶片频高图扫描和数字处理系统研究报告。 7. 流动式电离层数字测高仪系统。 8. 流动式电离层数字测高仪系统控制和实时处理软件。 9. 数字频高图自动度量分析软件。 10. 流动式电离层数字测高仪系统研究报告。						

第 7 章 科技基础性工作数据资料汇交与整编实例

续表

| 成果简介 | 11. 数据集（2 组）
（1）1957~1991 年，武汉电离层垂直探测得到 114 万张具有无压缩格式、保留胶片频高图所有信息的数字频高图图像数据集。
（2）1946~2006 年武汉电离层观测参数集和由数字频高图反演的电离层电子浓度剖面数据集，参数集共计 49 万条，电子浓度剖面 19 万个，参数集由数据库管理。
12. 电离层特性图集（2 套）
（1）1946~1991 年武汉参数报表及特性曲线图。1946~1956 年参数报表包括 foF2、h'F2、foF1、h'F1、foE、h'E、3000MUF、M3000F2、foEs 和 h'Es 共 10 个武汉电离层参数的小时值，1957~1991 年参数报表包括 foF2、h'F2、foF1、h'F1、foE、h'E、M3000F2、M3000F1、fmin、foEs、fbEs、h'Es 和 Es-type 共 13 个武汉电离层参数的小时值，并且绘制了参数的特性曲线图，并整理出版成册，每年为一卷。
（2）1964~1976 年中国地区电离层特性图集。为了更加直观地展示中国及周边地区电离层的时空演化过程和电离层地区特性，项目组选取其中 13 个台站，从 1964~1976 年超过 1 个太阳活动周期的电离层关键参数进行分析，采用国际参考电离层（International Reference Ionosphere）模式和本征模分析方法，融合这些台站的历史观测数据，给出了中国及周边地区的电离层关键参数（foF2、hmF2、M3000F2 和 foE）在 1964~1976 年月中值的时空分布，即地方时（0~23h）、经度（70°E~140°E）和纬度（15°N~55°N）的三维分布（分辨率为 1h×1°×1°），并绘制成中国地区电离层特性图集。此外，项目组利用统计 foEs 大于 5MHz 的出现率 P（foEs>5MHz）来直观的呈现 Es 的出现次数和强度，并绘制 Es 出现率 P（foEs>5MHz）的伪彩图，给出 P（foEs>5MHz）在 13 个台站的季节变化和周日变化。
13. 中国电离层区域特性结构及其变化研究报告。
14. 数据信息系统（1 套）。
15. 提交 5 篇有关研究论文。 |

（2）项目计划任务书规定的任务和考核指标及调整情况

项目计划任务书规定的任务和考核指标及调整情况如表 7-2 所示。

表 7-2　项目任务和考核指标及调整情况

| 本项目任务期间完成了以下 5 项工作：
（1）应用国际标准对武汉拥有的 3 种不同记录方式的 60 年电离层数据整编、度量和分析，形成统一的武汉电离层参数、电子浓度剖面和特性图像数据集；
（2）编制武汉季、年际电离层报表、频高图，电子浓度剖面以及电离层扰动变化典型图集；
（3）研究编制中国电离层地区特性变化系列图；
（4）进行资料收集和我国电离层观测资料空白区的补点流动观测；
（5）根据电离层数据分级管理和共享服务的需要，完成标准规范研制和数据规范化入库与发布。

通过这些工作，将完成有关研究和技术报告，技术规范和标准报告，各类分析处理软件，电离层数据集和图集等。具体包括：
1. 电离层胶片频高图数字化和度量分析质量控制技术规范。
2. 电离层频高图参数提取标准和指南。
3. 胶片频高图扫描和数字化处理系统。
4. 胶片频高图校正、度量和反演处理软件。
5. 胶片频高图自动（半自动）度量和反演分析方法研究报告。
6. 电离层胶片频高图扫描和数字处理系统研究报告。
7. 流动式电离层数字测高仪系统。
8. 流动式电离层数字测高仪系统控制和实时处理软件。 |

续表

9. 数字频高图自动度量分析软件。

10. 流动式电离层数字测高仪系统研究报告。

11. 数据集（两组）。

（1）1957～1991 年，武汉电离层垂直探测得到约 119 万张具有无压缩格式，保留胶片频高图所有信息的数据资频高图图像数据集，由数据库管理。

（2）1946～2006 年武汉电离层观测的电离层参量和 1957～2006 年电离层电子浓度剖面数据集，由数据库管理。

12. 电离层特性图集（2 份）。

（1）季、年际武汉电离层参数，典型频高图和电离层电子浓度剖面以及电离层扰动变化典型图集。

（2）中国电离层地区特性时空变化系统图集。

13. 中国电离层区域特性结构及其变化研究报告。

14. 提交数篇有关研究的论文。

项目在结题时将所处理和编研的电离层数据和图集等按科学技术部要求汇交指定地点，并在项目结题验收一年后向科技界无条件共享。

调整情况：项目在申请时根据频高图的观测间隔初步计算胶片频高图约 119 万张，后来在项目实施过程中实际处理频高图 114 万张，这是由于观测时由于断电或其他仪器异常情况造成观测频高图数量减少。

（3）汇交资源内容

汇交资源内容如表 7-3 所示。关于汇交的表格数据、文本及其他类型数据的详细描述如表 7-4 和表 7-5 所示。

表 7-3　汇交资源内容

（一）汇交资源的总体说明

根据项目任务书考核指标，结合项目中产出的工作成果，本项目应汇交的资源包括：

（1）对胶片频高图资料数字化和度量分析，研究出模拟到数字频高图转换的标准和方法，构成与武汉站 1991 年后观测的数字频高图统一的标准格式，得到胶片频高图 114 万张。

（2）整编了武汉 1946～1956 年手动人工观测频高图资料，1957～1991 年胶片频高图资料，1992～2006 年数字频高图，按当前国际标准对这 60 年间 3 种电离层资料记录方式，进行统一标准度量校正和处理，形成了完整的电离层数据集和图集。最终处理完成武汉站频高图参数数据 49 万条（每条数据由 13 个参数组成）。同时将武汉地区数字频高图反演得到电离层电子浓度剖面数据集，包含电子浓度剖面 19 万个。

（3）武汉地区 1946～1991 年频高图资料整理出版了参数报表及特性曲线图。1946～1956 年手动频高图资料参数报表包括 foF2、h'F2、foF1、h'F1、foE、h'E、3000MUF、M3000F2、foEs 和 h'Es 共 10 个武汉电离层参数的小时值，1957～1991 年胶片频高图资料参数报表包括 foF2、h'F2、M3000F2、foF1、h'F、M3000F1、foE、h'E、fmin、foEs、fbEs、h'Es 和 Es-type 共 13 个武汉电离层参数的小时值，并且绘制了参数的特性曲线图，最终整理出版成册，每年为一卷。

（4）为了更加直观地展示中国及周边地区电离层的时空演化过程和电离层地区特性。项目组选取中国及周边地区 13 个台站，从 1964～1976 年超过 1 个太阳活动周期的电离层关键参数进行分析，采用国际参考电离层（International Reference Ionosphere）模式和本征模分析方法，融合这些台站的历史观测数据，给出了中国及周边地区的电离层关键参数（foF2、hmF2、M3000F2 和 foE）在 1964～1976 年月中值的时空分布，即地方时（0～23h）、经度（70°E～140°E）和纬度（15°N～55°N）的三维分布（分辨率为 1h×1°×1°），并绘制成中国地区电离层特性图集。此外，项目组利用统计 foEs 大于 5MHz 的出现率 P（foEs>5MHz）来直观的呈现 Es 的出现次数和强度，并绘制 Es 出现率 P（foEs>5MHz）的伪彩图，给出 P（foEs>5MHz）在 13 个台站的季节变化和周日变化。出版的图集分为 2 卷，其中电离层关键参量 foF2、hmF2 构成卷 1，M3000F2、foE 等构成卷 2；每卷包含 312 页（2×12 个月×13 年）；每页包含 24 幅子图，每幅子图代表相应时刻该参量的区域性地图（经、纬度分布）。另外，Es 出现率 P（foEs>5MHz）和中国及周边地区出现 Es 的分布图安排在第 2 卷的 foE 参数特性图后面给出，Es 出现率 P（foEs>5MHz）共 13 页（13 个台站各 1 页），中国及周边地区出现 Es 的分布图共 12 页（每个月份各 1 页）。

第 7 章 科技基础性工作数据资料汇交与整编实例

续表

(二) 汇交资源的内容、共享方式与变更情况

项目汇交的资源如表 1 所示。

表 1 项目汇交的资源清单

序号	考核指标	资源名称	类型	共享方式	变更情况
1	1957~1991 年，武汉电离层垂直探测得到 114 万张胶片频高图	1957~1991 年武汉电离层胶片频高图	数据	完全开放共享	任务书中为 119 万张，实际处理 114 万张胶片频高图
2	1946~2006 年武汉电离层观测的电离层参量和电离层电子浓度剖面数据集	1946~2006 年武汉电离层参数和电子浓度剖面	数据	完全开放共享	无
3	季、年际武汉电离层参数及电离层扰动变化典型图集	1946~1991 年武汉参数报表及特性曲线图	图集	完全开放共享	无
4	中国电离层地区特性时空变化系列图集	1964~1976 年中国地区电离层特性图集	图集	完全开放共享	无

表 7-4 表格数据详细描述表

序号	数据集名称	字段名称	数据格式	地理位置或空间覆盖范围	数据集时间	数据来源	数据记录数
1	1946~2006 年武汉电离层参数和电子浓度剖面	foF2、h'F2、M3000F2、foF1、h'F、M3000F1、foE、h'E、fmin、foEs、fbEs、h'Es 和 Es-type 共 13 个字段	MDB	武汉	1946~2006 年	中国科学院地质与地球物理研究所	49 万条

表 7-5 文本及其他类型数据详细描述表

序号	数据集名称	数据项	数据格式	地理位置或空间覆盖范围	数据集时间	数据来源	数据量
1	1957~1991 年武汉电离层胶片频高图	张	图像	武汉	1957~1991 年	中国科学院地质与地球物理研究所	114 万张
2	1946~1991 年武汉参数报表及特性曲线图	卷	PDF	武汉	1946~1991 年	中国科学院地质与地球物理研究所	46 卷
3	1964~1976 年中国地区电离层特性图集	卷	PDF	武汉	1964~1976 年	中国科学院地质与地球物理研究所	2 卷

（4）质量控制

项目汇交数据的质量控制说明如表 7-6 所示。

表 7-6 资源质量控制说明

（一）资源质量控制总体说明

　　数据处理与质量控制是历史数据处理一项非常重要和关键的工作，只有做好这项工作，数据的真实性和准确性才有保证。

　　对于胶片频高图的处理，项目组制订了相应的质量控制处理标准，具体包括：①胶片频高图的扫描质量控制标准；②扫描后频高图的检查质量控制标准；③频高图的分割质量控制标准；④分割后频高图的检查质量控制标准；⑤胶片频高图转换为数字频高图质量控制标准；⑥数字频高图的度量分析质量控制标准。详细的质量控制流程及标准参看《电离层胶片频高图数字化和度量分析质量控制技术规范》。

　　电离层参数的录入采用"一录一校"的方式，即先由一个人员将参数录入到数据表中，再由另一个人员将录入的参数数据表与原始报表、图像进行比对。然后设计算法将录入的参数及符号进行处理，挑出异常值进行校正。最后，绘制单个参数的月散点图，对于严重偏离常规的异常数据进行人工校正。详细的电离层参数录入质量控制流程参见《电离层参数录入质量控制技术规范》。

　　电离层特性曲线图的生成首先由自动化处理程序将参数处理生成特性曲线图，然后由人工对曲线图中的图标进行处理（对图标位路进行调整，防止图标遮挡数据点），最后由多个专家对生成的 PDF 文件内容进行校正。

（二）资源质量控制详细说明

　　项目汇交资源质量控制措施如表 1 所示。

表 1 项目汇交资源质量控制措施

序号	资源名称	产生方式	质量控制说明（来源、采集、加工、处理方式及质量控制措施等）
1	1957～1991 年武汉电离层胶片频高图	扫描、分割、度量	1957～1991 年，在武汉（114°21.5′E，30°32.7′N）进行的以胶卷记录的电离层垂直自动探测资料，探测仪器是匈牙利制造的 ITX-5621 型和 ITX5830 型自动探测仪。扫频工作范围为 1.0～20.0MHz，自动扫描工作时间为 26 秒。每当电离层测高仪自动扫频工作一次，就照相记录一张胶片频高图，并在胶片上留下观测时间和标度。电离层测高仪常规观测通常每 15 分钟 1 次，一天可以获得 96 张的频高图。详细的频高图处理质量控制措施参见《电离层胶片频高图数字化和度量分析质量控制技术规范》。
2	1946～2006 年武汉电离层参数和电子浓度剖面	录入	1946～1956 年，在武汉（114°21.5′E，30°32.7′N）进行的电离层垂直探测手动观测资料，采用的是美国华盛顿卡内基学院设计研制的 DTM-CIW 3 型手动式收发共用扫频电离层垂测仪，仪器的扫频工作范围为 1.2～19.0MHz，发射脉冲宽度 40 微秒，采用双 V 天线垂直向上发射，包括地波在内的电离层回波被改装成具有宽频带和快速恢复的 Hallicrafters SX-25 接收机接收。1957～1991 年，在武汉进行的以胶卷记录的电离层垂直自动探测资料，探测仪器是匈牙利制造的 ITX-5621 型和 ITX5830 型自动探测仪。扫频工作范围为 1.0～20.0MHz，自动扫描工作时间为 26 秒。1992～2006 年，在武汉进行的以数字形式记录的电离层垂直自动探测资料，探测仪器是美国马萨诸塞大学洛厄尔分校大气研究中心（UMLCAR）生产的 DGS256 数字电离层测高仪。扫频工作范围为 1.0～20.0MHz。对武汉电离层观测资料按国际无线电科学联盟《电离图解释与度量手册》等标准进行了细致分析处理和录入校正，给出了 foF2、h′F2、M（3000）F2、foF1、h′F、M（3000）F1、foE、h′E、fmin、foEs、fbEs、h′Es 和 Es-type 共 13 个电离层参数的小时值。详细的电离层参数录入质量控制措施参见《电离层参数录入质量控制技术规范》。

| 第 7 章 | 科技基础性工作数据资料汇交与整编实例 |

续表

序号	资源名称	产生方式	质量控制说明（来源、采集、加工、处理方式及质量控制措施等）
3	1946～1991 年武汉参数报表及特性曲线图	程序生成	1946～1956 年，在武汉（114°21.5′E，30°32.7′N）进行的电离层垂直探测手动观测资料，采用的是美国华盛顿卡内基学院设计研制的 DTM-CIW 3 型手动式收发共用扫频电离层垂测仪，仪器的扫频工作范围为 1.2～19.0MHz，发射脉冲宽度 40 微秒，采用双 V 天线垂直向上发射，包括地波在内的电离层回波被改装成具有宽频带和快速恢复的 Hallicrafters SX-25 接收机接收。1957～1991 年，在武汉进行的以胶卷记录的电离层垂直自动探测资料，探测仪器是匈牙利制造的 ITX-5621 型和 ITX5830 型自动探测仪。扫频工作范围为 1.0～20.0MHz，自动扫描工作时间为 26 秒。将参数值按标准日报表格式排版形成报表，绘制了武汉电离层特性曲线图，并整理出版成册。
4	1964～1976 年中国地区电离层特性图集	程序生成	为了更加直观地展示中国及周边地区电离层的时空演化过程和电离层地区特性。项目组选取我国及周边 13 个台站，1964～1976 年超过 1 个太阳活动周期的电离层关键参数进行分析，采用国际参考电离层（International Reference Ionosphere）模式和本征模分析方法，融合这些台站的历史观测数据，给出了中国及周边地区的电离层关键参数（foF2、hmF2、M3000F2 和 foE）在 1964～1976 年月中值的时空分布，即地方时（0～23h）、经度（70°E～140°E）和纬度（15°N～55°N）的三维分布（分辨率为 1h×1°×1°），并绘制成中国地区电离层特性图集。此外，项目组利用统计 foEs 大于 5MHz 的出现率 P（foEs>5MHz）来直观的呈现 Es 的出现次数和强度，并绘制 Es 出现率 P(foEs>5MHz) 的伪彩图，给出 P（foEs>5MHz）在 13 个台站的季节变化和周日变化。

7.4 元 数 据

依据本书第 4 章提出的元数据标准，在汇交方案的基础上，编写了具体的元数据，详细描述了每个数据集的内容、时间、地点、类型、格式和共享方式、质量情况以及资源负责方信息。项目元数据集总体情况如表 7-7 所示，详细的元数据示例如表 7-8 所示。

表 7-7　元数据集总体情况

资源标识	中文名称	关键词	资源类型	资源格式	资源时间	资源地点	共享方式	……
2008FY120100-01-2014072801	1957～1991 年武汉电离层胶片频高图	武汉，胶片频高图，电离层资料	数据，图集	图像	1957～1991 年	武汉	完全开放共享	……
2008FY120100-02-2014072802	1946～2006 年武汉电离层参数和电子浓度剖面	武汉，电离层参数，电离层资料，电离层特征值	数据	数据库，SAO 文件	1946～2006 年	武汉	完全开放共享	……
2008FY120100-03-2014072803	1946～1991 年武汉参数报表及特性曲线图	武汉，电离层参数，电离层资料，电离层特性曲线	数据，图集	PDF 文件	1946～1991 年	武汉	完全开放共享	……
2008FY120100-04-2014072804	1964～1976 年中国地区电离层特性图集	电离层参数，电离层资料，电离层区域特性图	图集	PDF 文件	1964～1976 年	中国各地区	完全开放共享	……

表 7-8　详细元数据示例

资源标识	2008FY120100-01-2014072801
一级学科	地球科学
二级学科	空间物理学
中文名称	1957～1991 年武汉电离层胶片频高图
英文名称	
资源描述摘要	1957～1991 年武汉地区电离层测高仪利用胶卷照相方式记录观测数据，得到的观测结果称为胶片频高图。电离层测高仪常规观测通常每 15 分钟 1 次，一天可以获得 96 张的频高图，都记录在同一胶卷上。对电离层胶片频高图进行数字化，得到胶片频高图图像 114 万张
关键词	武汉，胶片频高图，电离层资料
资源类型	数据，图集
资源格式	图像
资源时间	1957～1991 年
资源地点	武汉
最新修订时间	2013-7-1 0：00：00
共享方式	完全开放共享

|第 7 章| 科技基础性工作数据资料汇交与整编实例

续表

资源质量描述	1957~1991 年，在武汉（114°21.5′E, 30°32.7′N）进行的以胶卷记录的电离层垂直自动探测资料，探测仪器是匈牙利制造的 ITX-5621 型和 ITX5830 型自动探测仪。扫频工作范围为 1.0~20.0MHz，自动扫描工作时间为 26 秒。每当电离层测高仪自动扫频工作 1 次，就照相记录 1 张胶片频高图，并在胶片上留下观测时间和标度。电离层测高仪常规观测通常每 15 分钟 1 次，一天可以获得 96 张的频高图。详细的频高图处理质量控制措施参见《电离层胶片频高图数字化和度量分析质量控制技术规范》
链接地址	http://159.226.119.164：8080/iph/qt/listPGT.do?year=1957&ids=WU430
来源项目：项目编号	2008FY120100
来源项目：项目名称	电离层历史资料整编和电子浓度剖面及区域特性图集编研
来源项目：项目负责人	宁百齐
来源项目：项目第一承担单位	中国科学院地质与地球物理研究所
资源负责方：负责人姓名	宁百齐
资源负责方：电子邮箱	—
资源负责方：联系电话	—
资源负责方：传真	—
资源负责方：所在单位名称	中国科学院地质与地球物理研究所
资源负责方：地址	北京市朝阳区北土城西路 19 号
资源负责方：邮编	100029
资源管理方：单位名称	中国科学院地质与地球物理研究所
资源管理方：联系人姓名	赵秀宽
资源管理方：电子邮箱	—
资源管理方：联系电话	—
资源管理方：传真	—
资源管理方：地址	北京市朝阳区北土城西路 19 号
资源管理方：邮编	100029
元数据管理信息：编写人姓名	赵秀宽
元数据管理信息：联系电话	—
元数据管理信息：电子邮箱	—
元数据管理信息：元数据最新更新时间	2014-9-4 15：30：33

7.5 数据文件整理

电离层项目数据资料主要包含 4 个数据集、4 条元数据，其中科学数据集 1 个，图集 3 个，论文 5 篇，软件工具 2 套。上述数据的整理主要依据本书第 5 章的规范要求，首先将最顶层文件夹以项目编号命名，然后将元数据表和汇交方案放于项目文件夹下并建立"Dataset""Paper""Software" 3 个子文件夹，同时将"数据集""论文""软件工具"分别放入上述对应的文件夹。"Dataset"文件夹下的数据集文件夹以元数据资源标识命名，且每一个数据集文件下还需建立"Data""Document""Thumbnail" 3 个文件夹，分别用于存放数据、数据说明文档以及缩略图。具体的数据文件命名与组织如图 7-2 所示。

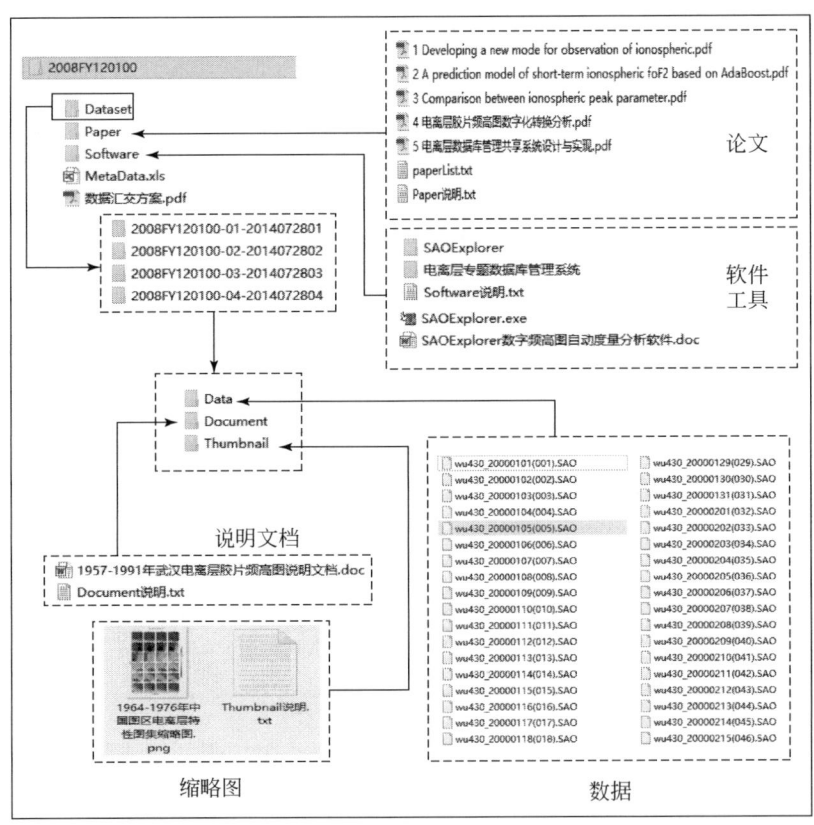

图 7-2　电离层项目数据文件命名与组织

| 第 7 章 |　科技基础性工作数据资料汇交与整编实例

7.6　数据库设计与数据资料集成整编

7.6.1　电离层数据库设计

考虑到"电离层历史资料整编和电子浓度剖面及区域特性图集编研"项目中的电离层数据较为复杂，数据量也较大，因此，按照本书第五章中提及的"领域-要素-属性"的主线，将"电离层"作为一个单独的要素进行整编，并构建电离层数据库，命名为"D_SpacePhysics_Ionosphere_DAT"（即"空间物理学-电离层"），其中数据库的概念设计及其数据表设计如下。

（1）概念模型设计

基于本书 7.2 节中的项目数据资料分析，以不同电离层数据在时间和逻辑上的关联关系作为设计依据，得到的电离层数据概念模型如图 7-3 所示，即电离层频高图为原始观测数据，电离层参数通过频高图进行量测、计算，而电离层变化曲线图和报表是则由电离层参数统计生成。这 4 类电离层数据依靠站点唯一编号和观测时间进行有机的关联。

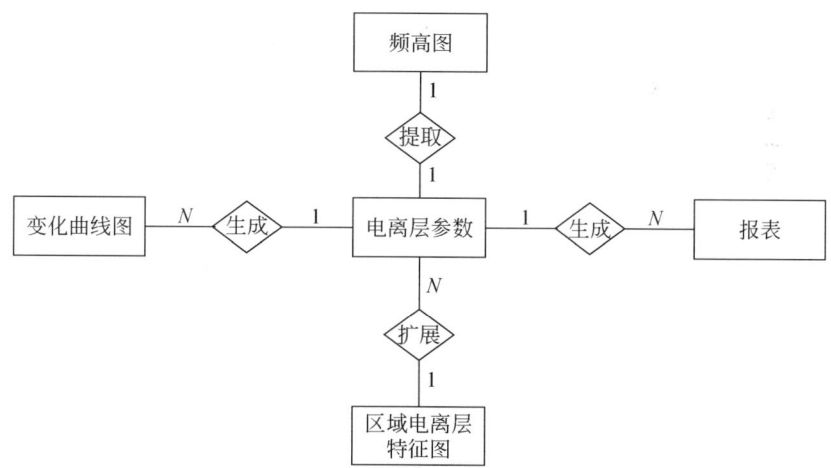

图 7-3　不同类型电离层数据实体关系图

N 代表自然数，表示多个

（2）电离层数据库表设计

根据前述电离层数据库实体关系的分析，将电离层数据库设计为电离层频高图表、电离层参数数据表、区域电离层特征图集表、观测站点表等 4 个基础数据表，具体表格之间的主外键关联关系如图 7-4 所示。此外，为了在后续使用的过程中便捷地判定数据资源类型（数据、研究报告、图集、标准规范、论文专著、志书/典籍以及实体资源等）以及实现数据资源的追溯，在每一个数据库表中都统一添加"DatabaseRecordingCode"和"MetadataIndentifier"两个字段（具体的代码组成见本书 5.1 节数据资料分类与编码标准）。

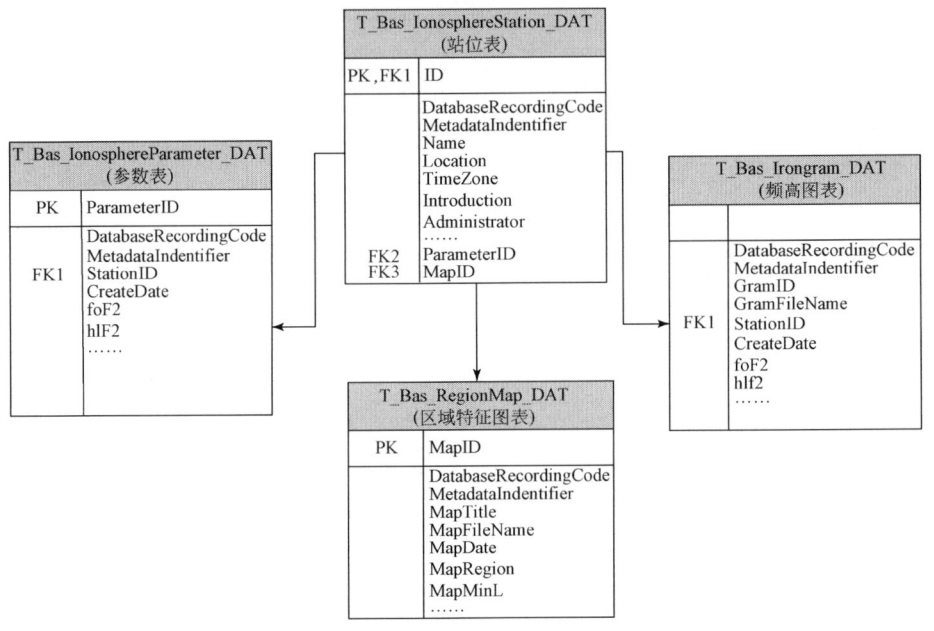

图 7-4　电离层数据库表主外键关系示意图

7.6.2　电离层数据的集成与整编

基于上述已设计好的数据库表结构，借助相关软件工具对电离层数据资料进行集成、整编以及入库，整个电离层数据库除上述电离层基础数据库表外，还需添加单位数据库表和中英文字段对照表，总计 6 个数据库表，其中参数表包含临界频率、虚高、传输因子、反射回波最低频率、寻常波频率等在内的 18 个字段，多达 488 831 条记录；站位表包含站名、站点位置、站点编号等在内的 12 个字段，总计 13 条记录（13 个站点）；区域特征图表包含图标题、文件名、日期、区域等在内的 20 字段，总计 52 条记录；单位数据字典表包含元数据资源标识、表名、字段名、单位中文名、单位英文名等 5 个字段，10 条记录；中英文对照表包含表中文名、表英文名、字段中文名、字段英文名等 4 个字段，20 条记录。整编后的

|第 7 章| 科技基础性工作数据资料汇交与整编实例

数据情况如表 7-9 和图 7-5 所示[①]。

表 7-9 电离层数据整编、入库情况统计

表名称	表中文名称	字段数	记录数
T_Bas_IonosphereParameter_DAT	参数表	18	488 831
T_Bas_IonosphereStation_DAT	站位表	12	13
T_Bas_RegionMap_DAT	区域特征图表	20	52
T_Bas_Irongram_DAT	频高图表	20	21 539
T_Rel_Unit_DAT	单位表	5	10
T_Rel_FieldCNEN_DAT	中英文字段对照表	4	20

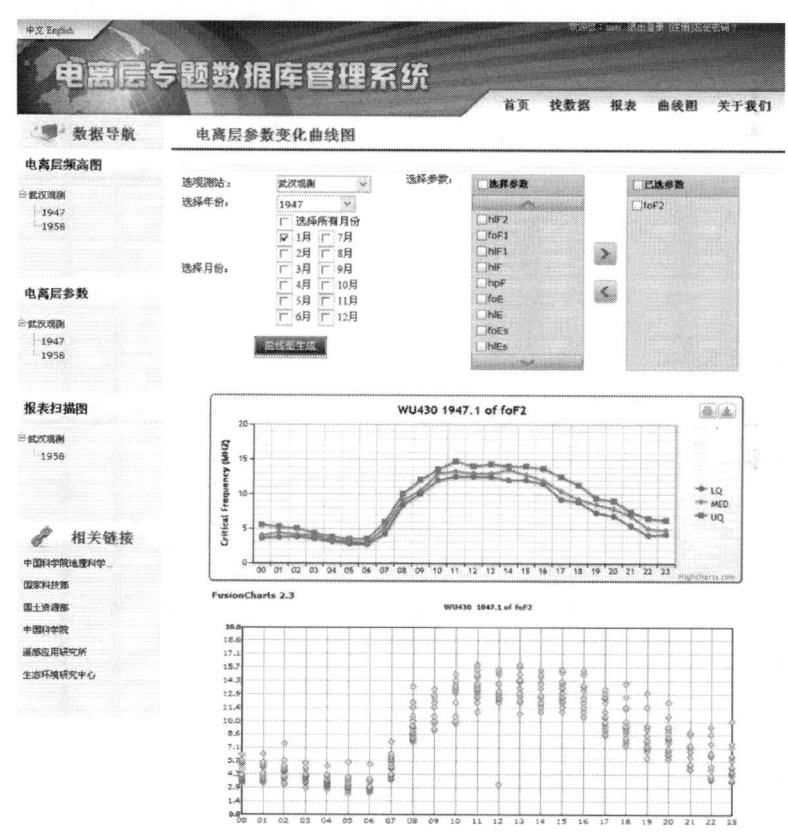

图 7-5 电离层部分数据展示示意

---

① 参见科技基础性工作专项重点项目（2008FY120100）："电离层历史资料整编和电子浓度剖面及区域特性图集编研"项目课题进展报告

参 考 文 献

曹一化,刘旭,等. 2006. 自然科技资源共性描述规范. 北京:中国科学技术出版社.

承继成,金江军. 2007. 地理数据的不确定性研究. 地球信息科学学报,9(4):1-4.

胡光晓. 2015. 提升我国地层研究知名度展现我国地层工作最新成果——《中国岩石地层名称辞典》. 科技成果管理与研究,(8):79-80.

黄鼎成,郭增艳. 2002. 科学数据共享管理研究. 北京:中国科学技术出版社.

荆新艳,李萍,杨学林,等. 2017. 国内标准物质概况及重点领域发展现状. 化学分析计量,26(6):120-124.

科学技术部. 2001. 国家"十五"科技基础性工作专项实施意见. 中国基础科学,(8):31-34.

刘颖真,诸云强,罗侃,等. 2013. 电离层数据库管理共享系统设计与实现. 地球物理学进展,28(5):2221-2228.

任军,张加恭. 2006. 土地资源调查的国内外比较研究. 资源与产业,8(4):113-116.

孙鸿烈,成升魁,封志明. 2010. 60年来的资源科学:从自然资源综合考察到资源科学综合研究. 自然资源学报,25(9):1414-1423.

孙凯,贾萍,李威蓉,等. 2017. 地学数据本体支持下的科学数据集成方法. 中国科技资源导刊,49(6):45-52.

王巧云,何欣,王锐. 2014. 国内外标准物质发展现状. 化学试剂,36(4):289-296.

王训练,徐均涛. 2002. 古生物学研究的新成果——中国古生物志与中国各门类化石编研. 中国基础科学,(5):18-23.

邬伦,承继成,史文中. 2006. 地理信息系统数据的不确定性问题. 测绘科学,31(5):13-17.

吴小红. 2016. 京族医药调查报告. 中国民族医药杂志,22(3):57-59.

杨杰,宋佳,诸云强,等. 2017. 科技基础性工作专项数据汇交共享平台建设. 中国科技资源导刊,49(5):52-59.

于亚东,刘媛. 2010. 标准物质新老定义的理解与比较. 化学分析计量,19(4):4-8.

张芳,王思. 2003. 中国农业古籍目录. 北京:北京图书馆出版社.

张肖霞,杜平,陈杭,等. 2017. 基于约束规则的科技基础性数据质量审查模型研究与实现. 中国科技资源导刊,49(5):60-67.

周迪民,林依勤. 2010. GIS属性数据不确定性及其传播研究. 计算机工程,36(6):250-252.

Caverlee J,Mitra P,Laarsgard M. 2009. Dublin Core. New York:Springer US.

Marceau D J. 1999. The scale issue in the social and natural sciences. Canadian Journal of Remote Sensing,25(4):347-356.

附录 A

附表 1　科学数据、志书/典籍、文献资料要素特征分类编码

一级类名称	编码	二级类名称	编码	三级类名称	编码	四级类名称	编码	五级类名称	编码
天文学	160	天体力学	16015	天体摄动	1601510	……	……	……	……
				天体力学定性	1601520	……	……	……	……
				天体形状与自转	1601530	……	……	……	……
				天体力学数值方法	1601540	……	……	……	……
				天文动力学（包括人造卫星、宇宙飞船动力学等）	1601550				
				历书	1601560	……	……	……	……
				其他	1601599				
		天体物理学	16020	等离子体	1602030	……	……	……	……
				高能天体物理	1602040	……	……	……	……
				实测天体物理	1602050	……	……	……	……
				其他	1602099	……	……	……	……
		宇宙化学	16025	空间化学	1602510	……	……	……	……
				天体元素	1602520	……	……	……	……
				月球与行星化学	1602530	……	……	……	……
				其他	1602599				
		天体测量学	16030	……	……	……	……	……	……
		射电天文学	16035	……	……	……	……	……	……
		空间天文学	16040	红外	1604010	……	……	……	……
				紫外	1604010	……	……	……	……
				X 射线	1604010	……	……	……	……
				γ 射线	1604010				

续表

一级类名称	编码	二级类名称	编码	三级类名称	编码	四级类名称	编码	五级类名称	编码
天文学	160	空间天文学	16040	中微子	1604010	……	……	……	……
				其他	1604099				
		天体演化学	16045	……	……	……	……	……	……
		星系与宇宙学	16050	……	……	……	……	……	……
		恒星与银河系	16055	……	……	……	……	……	……
		太阳与太阳系	16060	……	……	……	……	……	……
		天体生物学	16065	……	……	……	……	……	……
		天文地球动力学	16070	……	……	……	……	……	……
		时间测量学	16075	……	……	……	……	……	……
		天文学其他学科	16099						
地球科学	170	大气科学	17015	大气物理学	1701510	大气光学	170151010	……	……
						大气声学	170151015	……	……
						大气电学	170151020	……	……
						中层物理学	170151025	……	……
						其他	170151099		
				大气化学	1701515	……	……	……	……
				大气探测（包括大气遥感物理学等）	1701520	……	……	……	……
				动力气象学（包括数值天气预报与数值模拟等）	1701525	……	……	……	……
				天气学	1701530				
				气候学	1701535				
				大气边界层物理学	1701540	……	……	……	……
				应用气象学（具体应用的有关学科）	1701545	……	……	……	……
				大气科学其他学科	1701599				

附录A

续表

一级类名称	编码	二级类名称	编码	三级类名称	编码	四级类名称	编码	五级类名称	编码
地球科学	170	固体地球物理学	17020	地球动力学	1702010	……	……	……	……
				地球重力学	1702015	……	……	……	……
				地球流体力学	1702020	……	……	……	……
				地壳与形变	1702025	……	……	……	……
				地球内部物理学	1702030	……	……	……	……
				地声学	1702035	……	……	……	……
				地热学	1702040	……	……	……	……
				地电学	1702045	……	……	……	……
				地磁学	1702050	……	……	……	……
				放射性地球物理学	1702055	……	……	……	……
				地震学	1702060	……	……	……	……
				勘探地球物理学	1702065	……	……	……	……
				计算地球物理学	1702070	……	……	……	……
				实验地球物理学	1702075	……	……	……	……
				固体地球物理学其他学科	1702099				
		空间物理学	17025	电离层物理学	1702510	……	……	……	……
				高层大气物理学	1702515	……	……	……	……
				磁层物理学	1702520	……	……	……	……
				空间物理探测	1702525	……	……	……	……
				空间环境学	1702530	……	……	……	……
				空间物理学其他学科	1702599				
		地球化学	17030	元素地球化学	1703010	……	……	……	……
				有机地球化学	1703015	……	……	……	……
				放射性地球化学	1703020	……	……	……	……
				同位素地球化学	1703025	……	……	……	……
				生物地球化学	1703030	……	……	……	……
				地球内部化学	1703035	……	……	……	……
				同位素地质年代学	1703040	……	……	……	……
				成矿地球化学	1703045	……	……	……	……

续表

一级类名称	编码	二级类名称	编码	三级类名称	编码	四级类名称	编码	五级类名称	编码
地球科学	170	地球化学	17030	勘探地球化学	1703050	……	……	……	……
				实验地球化学	1703055	……	……	……	……
				能源地球化学	1703060	……	……	……	……
				地球化学其他学科	1703099				
		大地测量学	17035	地球形状学	1703510	……	……	……	……
				几何大地测量学	1703520	……	……	……	……
				物理大地测量学	1703530	……	……	……	……
				动力大地测量学	1703540	……	……	……	……
				空间大地测量学	1703550	……	……	……	……
				行星大地测量学	1703560	……	……	……	……
				大地测量学其他学科	1703599				
		地图学	17040	普通地图	1704010	……	……	……	……
				专业地图	1704015	……	……	……	……
		地理学	17045	自然地理学	1704510	地理区划	170451010	……	……
						地形地貌	170451015	……	……
						土地利用/覆被	170451020	……	……
						冰川	170451025	……	……
						冻土	170451030	……	……
						沙漠	170451035	……	……
						岩溶	170451040	……	……
						湿地	170451045	……	……
						……	……	……	……
				人文地理学	1704520	区域地理	170452010		
						城市地理	170452015		
						旅游地理	170452020		
						世界地理	170452025		
						……	……	……	……
				地理学其他学科	1704599				
		地质学	17050	矿物学（包括放射性矿物学）	1705021	……	……	……	……

附录 A

续表

一级类名称	编码	二级类名称	编码	三级类名称	编码	四级类名称	编码	五级类名称	编码
地球科学	170	地质学	17050	矿床学与矿相学（包括放射性矿床学，不包括石油、天然气和煤）	1705024	……	……	……	……
				岩石学	1705027	……	……	……	……
				岩土力学	1705031	……	……	……	……
				沉积学	1705034	……	……	……	……
				古地理学	1705037	……	……	……	……
				古生物学	1705041	……	……	……	……
				地层学与地史学	1705044	……	……	……	……
				前寒武纪地质学	1705047	……	……	……	……
				第四纪地质学	1705051	……	……	……	……
				构造地质学（包括显微构造学等）	1705054	……	……	……	……
				大地构造学	1705057	……	……	……	……
				勘查地质学	1705061	……	……	……	……
				水文地质学（包括放射性水文地质学）	1705064	……	……	……	……
				遥感地质学	1705067	……	……	……	……
				区域地质学	1705071	……	……	……	……
				火山学	1705074	……	……	……	……
				石油与天然气地质学（含天然气水合物地质学）	1705077	……	……	……	……
				煤田地质学	1705081	……	……	……	……
				实验地质学	1705084	……	……	……	……
				地质学其他学科	1705099	……	……	……	……
		水文学	17055	水文物理学	1705510	……	……	……	……
				水文化学	1705515	……	……	……	……
				水文地理学	1705520	……	……	……	……
				水文气象学	1705525	……	……	……	……
				湖沼学	1705540	……	……	……	……

续表

一级类名称	编码	二级类名称	编码	三级类名称	编码	四级类名称	编码	五级类名称	编码
地球科学	170	水文学	17055	河流学与河口水文学	1705545	……	……	……	……
				地下水文学	1705550	……	……	……	……
				水文学其他学科	1705599	……	……	……	……
		海洋科学	17060	海洋物理学	1706010	……	……	……	……
				海洋化学	1706015	……	……	……	……
				海洋地球物理学	1706020	……	……	……	……
				海洋气象学	1706025	……	……	……	……
				海洋地质学	1706030	……	……	……	……
				物理海洋学	1706035	……	……	……	……
				海洋生物学	1706040	……	……	……	……
				海洋地理学和河口海岸学	1706045	……	……	……	……
				海洋调查与监测	1706050	……	……	……	……
				遥感海洋学(亦名卫星海洋学)	1706055	……	……	……	……
				海洋生态学	1706065	……	……	……	……
				环境海洋学	1706060	……	……	……	……
				海洋资源学	1706065	……	……	……	……
				极地科学	1706070	极地海洋	170607010	……	……
						极地地球物理	170607015	日地物理	17060701510
								大地测量	17060701515
								重力	17060701520
								地震	17060701525
								地磁	17060701530
								地电	17060701535
								地热	17060701540
						极地大气	170607020	……	……
						极地生物	170607025	……	……
						极地环境	170607030	……	……

附录 A

续表

一级类名称	编码	二级类名称	编码	三级类名称	编码	四级类名称	编码	五级类名称	编码
地球科学	170	海洋科学	17060	极地科学	1706070	极地地质	170607035	……	……
						极地冰川	170607040	……	……
						极地天文	170607045	……	……
						其他	170607099		
				海洋科学其他学科	1706099				
		其他学科	17099						
生物学	180	生物物理学	18014	……	……	……	……	……	……
		生物化学	18017	……	……	……	……	……	……
		细胞生物学	18021	……	……	……	……	……	……
		免疫学	18022	……	……	……	……	……	……
		生理学	18024	……	……	……	……	……	……
		育生物学	18027	……	……	……	……	……	……
		遗传学	18031	……	……	……	……	……	……
		放射生物学	18034	……	……	……	……	……	……
		分子生物学	18037	……	……	……	……	……	……
		生物进化论	18041	……	……	……	……	……	……
		生态学	18044	……	……	……	……	……	……
		神经生物学	18047	……	……	……	……	……	……
		植物学	18051	……	……	……	……	……	……
		昆虫学	18054	……	……	……	……	……	……
		动物学	18057	……	……	……	……	……	……
		微生物学	18061	……	……	……	……	……	……
		病毒学	18064	……	……	……	……	……	……
		人类学	18067	人类起源与演化学	1806710	……	……	……	……
				人类形态学	1806715	……	……	……	……
				人类遗传学	1806720	……	……	……	……

续表

一级类名称	编码	二级类名称	编码	三级类名称	编码	四级类名称	编码	五级类名称	编码
生物学	180	人类学	18067	分子人类学	1806725	……	……	……	……
				人类生态学	1806730	……	……	……	……
				心理人类学	1806735	……	……	……	……
				古人类学	1806740	……	……	……	……
				人种学	1806745	……	……	……	……
				人体测量学	1806750	……	……	……	……
				人类学其他学科	1806799				
		生物学其他学科	18099						
心理学	190	认知心理学	19015	……	……	……	……	……	……
		社会心理学	19020	……	……	……	……	……	……
		实验心理学	19025	……	……	……	……	……	……
		发展心理学	19030	婴儿心理学	1903010	……	……	……	……
				儿童心理学	1903015	……	……	……	……
				妇女心理学	1903020	……	……	……	……
				老年心理学（包括长寿心理学）	1903025	……	……	……	……
				发展心理学其他学科	1903099	……	……	……	……
		医学心理学	19040	……	……	……	……	……	……
		人格心理学	19041	……	……	……	……	……	……
		临床与咨询心理学	19042	……	……	……	……	……	……
		心理测量	19045	……	……	……	……	……	……
		生理心理学	19050	……	……	……	……	……	……
		应用心理学	19065	……	……	……	……	……	……
		教育心理学	19070	……	……	……	……	……	……

附录 A

续表

一级类名称	编码	二级类名称	编码	三级类名称	编码	四级类名称	编码	五级类名称	编码
心理学	190	法制心理学	19075	……	……	……	……	……	……
		心理学其他学科	19099						
农学	210	农业基础学科	21020	……	……	……	……	……	……
		农艺学	21030	……	……	……	……	……	……
		园艺学	21040	……	……	……	……	……	……
		农产品贮藏与加工	21045	……	……	……	……	……	……
		土壤学	21050	土壤物理学	2105010	……	……	……	……
				土壤化学	2105015	……	……	……	……
				土壤地理学	2105020	……	……	……	……
				土壤生物学	2105025	……	……	……	……
				土壤生态	2105030	……	……	……	……
				土壤耕作	2105035	……	……	……	……
				土壤改良学	2105040	……	……	……	……
				土壤肥料学	2105045	……	……	……	……
				土壤分类学	2105050	……	……	……	……
				土壤调查与评价	2105055	……	……	……	……
				土壤修复	2105060	……	……	……	……
				土壤学其他学科	2105099				
		植物保护学	21060	……	……	……	……	……	……
		农学其他学科	21099						
林学	220	林业基础学科	22010	……	……	……	……	……	……
		林木遗传育种学	22015	……	……	……	……	……	……
		森林培育学	22020	……	……	……	……	……	……
		森林经理学	22025	……	……	……	……	……	……

续表

一级类名称	编码	二级类名称	编码	三级类名称	编码	四级类名称	编码	五级类名称	编码
林学	220	森林保护学	22030	……	……	……	……	……	……
		野生动物保护与管理	22035	……	……	……	……	……	……
		防护林学	22040	……	……	……	……	……	……
		经济林学	22045	……	……	……	……	……	……
		园林学	22050	……	……	……	……	……	……
		林业工程	22055	……	……	……	……	……	……
		森林统计学	22060	……	……	……	……	……	……
		林业经济学	22065	……	……	……	……	……	……
		林学其他学科	22099						
畜牧、兽医科学	230	……	……	……	……	……	……	……	……
水产学	240	……	……						
基础医学	310	医学生物化学	1011	……	……	……	……	……	……
		人体解剖学	31014	……	……	……	……	……	……
		医学细胞生物学	31017	……	……	……	……	……	……
		人体生理学	31021	……	……	……	……	……	……
		人体组织胚胎学	31024	……	……	……	……	……	……
		医学遗传学	31027	……	……	……	……	……	……
		放射医学	31031	……	……	……	……	……	……
		人体免疫学	31034	……	……	……	……	……	……
		医学寄生虫学	31037	……	……	……	……	……	……

附录 A

续表

一级类名称	编码	二级类名称	编码	三级类名称	编码	四级类名称	编码	五级类名称	编码
基础医学	310	医学微生物学	31041	……	……	……	……	……	……
		病理学	31044	……	……	……	……	……	……
		药理学	31047	……	……	……	……	……	……
		医学实验动物学	31051	……	……	……	……	……	……
		医学统计学	31057	……	……	……	……	……	……
		基础医学其他学科	31099						
临床医学	320	……	……	……	……	……	……	……	……
预防医学与公共卫生学	330	……	……	……	……	……	……	……	……
药学	350	……	……	……	……	……	……	……	……
中医学与中药学	360	中医学	36010	……	……	……	……	……	……
		民族医学	36020	……	……	……	……	……	……
		中西医结合医学	36030	……	……	……	……	……	……
		中药学	36040	……	……	……	……	……	……
		中医学与中药学其他学科	36099						
工程与技术科学基础学科	410	……	……	……	……	……	……	……	……
测绘科学技术	420	……	……	……	……	……	……	……	……
		摄影测量与遥感技术	42020	地物波谱学	4202010	……	……	……	……
				近景摄影测量	4202015	……	……	……	……
				航空摄影测量	4202020	……	……	……	……
				遥感信息工程	4202025	……	……	……	……
				摄影测量与遥感技术其他学科	4202099	……	……	……	……
		……	……	……	……	……	……	……	……

续表

一级类名称	编码	二级类名称	编码	三级类名称	编码	四级类名称	编码	五级类名称	编码
材料科学	430	……	……	……	……	……	……	……	……
矿山工程技术	440	……	……	……	……	……	……	……	……
能源科学技术	480	……	……	……	……	……	……	……	……
电子与通信技术	510	……	……	……	……	……	……	……	……
食品科学技术	550	……	……	……	……	……	……	……	……
环境科学技术及资源科学技术	610	环境科学技术基础学科	61010	……	……	……	……	……	……
		环境学	61020	大气环境	6102010	……	……	……	……
				水体环境	6102015	……	……	……	……
				噪声（振动）环境	6102020	……	……	……	……
				生态环境	6102025	……	……	……	……
				土壤环境	6102030	……	……	……	……
				核与辐射	6102035	……	……	……	……
				污染源	6102040	……	……	……	……
				环境学其他要素	6102099				
		环境工程学	61030	……	……	……	……	……	……
		资源科学技术	61050	气候资源	6105010	……	……	……	……
				土地资源	6105015	……	……	……	……
				水资源	6105020	……	……	……	……
				生物资源	6105025	……	……	……	……
				能源与矿产资源	6105030	……	……	……	……
				可再生资源	6105035	……	……	……	……
				海洋资源	6105040	……	……	……	……
				旅游资源	6105045	……	……	……	……
				社会资源	6105050	人力资源	610505010	……	……

附录 A

续表

一级类名称	编码	二级类名称	编码	三级类名称	编码	四级类名称	编码	五级类名称	编码
环境科学技术及资源科学技术	610	资源科学技术	61050	社会资源	6105050	科技资源	610505015	……	……
						教育资源	610505020	……	……
						其他社会资源	610505099		
				资源学其他要素	6105099				
		环境科学技术及资源科学技术其他学科	61099						
安全科学技术	620	……	……	……	……	……	……	……	……
语言学	740	……	……	……	……	……	……	……	……
经济学	790	……	……	……	……	……	……	……	……
社会学	840	……	……						
		人口学	84071						
		……	……						
民族学与文化学	850	……	……	……	……	……	……	……	……
图书馆、情报与文献学	870	……	……	……	……	……	……	……	……
体育科学	890	……	……						
		运动生理学	89025	……					
		运动心理学	89030	……					
		……	……						
……	……	……	……	……	……	……	……	……	……

附表 2 自然科技资源要素特征分类编码

大类名称	编码	小类名称	编码	一级类名称	编码	二级类名称	编码	三级类名称	编码
植物种质资源	11	农作物	1111	粮食作物	111111	稻类	11111111	栽培稻	11111111101
						……	……	……	……
				纤维作物	111113	……			
				油料作物	111115	……			
				蔬菜	111117	……			
				果树	111119	……			
				花卉	111121	……			
				糖烟茶桑	111123	……			
				牧草绿肥	111125	……			
				热带作物	111127	……			
		林木	1113	……		……			
		药用植物	1115	……		……			
		野生植物	1117	……		……			
动物种质资源	13	畜禽	1311	……		……			
		特种经济动物	1313	……		……			
		水生动物	1315	……		……			
		经济昆虫	1317	……		……			
		寄生虫	1319	……		……			
微生物菌种资源	15	古菌	1511	……		……			
		细菌	1513	……		……			
		真菌	1515	……		……			
		原生动物	1517	……		……			
		微藻类	1519	……		……			
		非细胞类	1521	……		……			
人类遗传资源	17	少数民族资源	1711	……		……			
		重大疾病资源	1713	……		……			
		人体物质	1715	……		……			
		其他资源	1799						

附录 A

续表

大类名称	编码	小类名称	编码	一级类名称	编码	二级类名称	编码	三级类名称	编码
生物标本	21	植物	2111	……	……	……			
		动物	2113	……	……	……			
		菌物	2115	……	……	……			
岩矿化石标本	23	矿物	2311	……	……	……			
		岩石	2313	……	……	……			
		矿石	2315	……	……	……			
		化石	2317	古无脊椎动物	231711	……			
				古脊椎动物	231713	……			
				古植物	231715	……			
				遗迹化石	231717	……			
				古人类及类人猿	231719	……			
				古人类遗物	231721	……			
实验材料	31	实验动物	3111	……	……	……			
		微生物培养基	3113	……	……	……			
		实验细胞	3115	……	……	……			
标准物质	33	化学成分	3311	……	……	……			
		物理特性与物理化学特性	3313	……	……	……			
		工程技术特性	3315	……	……	……			
		生物化学和生物工程学	3317	生物材料	331711	……			
				生物制品	331713	……			

附表 3 计量基标准要素特征分类编码

一级类名称	编码	二级类名称	编码	三级类名称	编码
长度	01	激光波长	010100	/	/
		量块	0102	2 等量块及以上	010201
				3 等量块及以下	010202
		线纹	0103	……	……
		角度	010400	/	/
		直线度和平面度	0105	……	……

续表

一级类名称	编码	二级类名称	编码	三级类名称	编码
长度	01	表面精糙度	010600	/	/
		万能量具	0107	……	……
		长度通用测量仪器	0108	……	……
		齿轮测量	0109	……	……
		螺纹测量	0110	……	……
		轴承测量	011100	/	/
		测绘仪器及检定装置	0112	测绘仪器检定装置	011201
				测绘仪器	011202
		长度其他测量仪器	0113	……	……
力学	02	质量	0201	天平	020101
				砝码	020102
		衡器	0202	……	……
		容量	0203	……	……
		密度	020400	/	/
		力值	0205	……	……
		扭矩	020600	/	/
		动态力	020700	/	/
		硬度	0208	……	……
		振动	0209	……	……
		冲击	0210	……	……
		转速	0211	……	……
		惯性	0212	……	……
		机动车测速	0213	……	……
		流量	0214	……	……
		真空	0215	……	……
		压力	0216	……	……
声学	03	水声	030100	/	/
		电声	0302	……	……
		听力	030300	/	/
		超声	0304	……	……

附录 A

续表

一级类名称	编码	二级类名称	编码	三级类名称	编码
温度	04	辐射测温仪	0401	……	……
		热电偶	0402	……	……
		膨胀式温度计	0403	……	……
		电阻温度计	0404	……	……
		表面温度计	040500	/	/
		数字温度计	040600	/	/
		温度二次仪表	040700	/	/
		温度变送器	040800	/	/
		温度传感器动态响应	040900	/	/
		热电偶、热电阻自动测量	041000	/	/
		温度、湿度环境试验设备	041100	/	/
		恒温试验设备	041200	/	/
电磁	05	直流电阻及仪器	0501	……	……
		直流电压标准	050200	/	/
		数字仪表	0503	……	……
		交流阻抗及仪器	0504	……	……
		应变仪及校准器	050500	/	/
		音频电压比率	0506	……	……
		交流电量	0507	……	……
		电能	0508	……	……
		互感器及测量仪器	0509	……	……
		高电压测量仪器	051000	/	/
		磁参量	0511	……	……
		磁性材料	0512	……	……
		电气安全测量仪表	0513	……	……
无线电	06	高频电压	0601	……	……
		高频微波功率	0602	……	……
		高频微波噪声	060300	……	……
		衰减	0604	……	……
		相位和相移	060500	/	/

科技基础性工作数据汇交与整编模式、标准

续表

一级类名称	编码	二级类名称	编码	三级类名称	编码
无线电	06	微波阻抗与网络参数	060600	/	/
		集总参数阻抗	060700	/	/
		场强与电磁兼容	060800	/	/
		脉冲参数	060900	/	/
		失真度	061000	/	/
		调制度	061100	/	/
		视频参数	061200	/	/
		信号发生器	061300	/	/
		测量接收机与频谱分析仪	061400	/	/
		通信测量仪器	061500	/	/
		晶体管与集成电路测量仪器	061600	/	/
		心脑电压医用检定仪	061700	/	/
时间频率	07	时间	0701	……	……
		频率	0702	……	……
电离辐射	08	辐射剂量	0801	……	……
		放射性活度	080200	/	/
化学	09	光化学分析	0901	……	……
		水质测量	0902	……	……
		湿度和水分测量	0903	……	……
		电化学分析	0904	……	……
		尘埃与颗粒测量	0905	……	……
		黏度测量	0906	……	……
		气体分析	0907	……	……
		色谱分析	0908	……	……
		生化分析	0909	……	……
		热化学分析	0910	……	……
		高分子材料、分子量测量	0911	……	……
		元素分析	091200	/	/
		质谱分析	091300	/	/

附录 A

续表

一级类名称	编码	二级类名称	编码	三级类名称	编码
光学	10	光度	1001	……	……
		辐射度	1002	……	……
		色度	1003	……	……
		材料光学	1004	……	……
		激光参数	1005	……	……
		相对光谱响应度	100600	/	/
		光纤光学	1007	……	……
		眼科光学	1008	……	……
		成像光学	1009	……	……
专用类	11	海洋测量仪器	1101	……	……
		气象测量仪器	1102	……	……
		机动车检测仪器	1103	……	……
		铁路测量仪器	1104	……	……
		纺织、纤维检测仪器	1105	……	……
		能将标识检测	1106	……	……
		包装商品检验	110700	/	/
		生理电测量仪	110800	/	/
		电治疗仪	110900	/	/
		医用流量仪器	111000	/	/
		医用温度控制仪	111100	/	/
其他	99				

附表 4 标准规范要素特征编码

一级类名称	编码	二级类名称	编码	三级类名称	编码
综合	A	标准化管理与一般规定	A00/09	标准化、质量管理	A00
				……	……
		经济、文化	A10/19	商业、贸易、合同	A10
				……	……
		基础标准	A20/39	综合技术	A20
				……	……

科技基础性工作数据汇交与整编模式、标准

续表

一级类名称	编码	二级类名称	编码	三级类名称	编码
综合	A	基础学科	A40/49	基础学科综合	A40
				……	……
		计量	A50/64	计量综合	A50
				……	……
		标准物质	A65/74	金属化学成分标准物质	A65
				……	……
		测绘	A75/79	测绘综合	A75
				大地、海洋测绘	A76
				摄影与遥感测绘	A77
				精密工程与地籍测绘	A78
				地图制印	A79
		标志、包装、运输、贮存	A80/89	标志、包装、运输、贮存综合	A80
				……	……
		社会公共安全	A90/94	社会公共安全综合	A90
				……	……
农业、林业	B	农业、林业综合	B00/09	……	……
		土壤与肥料	B10/14	……	……
		植物保护	B15/19	……	……
		经济作物	B30/39	……	……
		畜牧	B40/49	……	……
		水产、渔业	B50/59	……	……
		林业	B60/79	……	……
		农、林机械与设备	B90/99	……	……
医药、卫生、劳动保护	C	医药、卫生、劳动保护综合	C00/09	……	……
		医药	C10/29	……	……
		医疗器械	C30/49	……	……
		卫生	C50/64	……	……
		劳动安全技术	C65/74	……	……
		劳动保护管理	C75/79	……	……
		消防	C80/89	……	……
		制药、安全机械与设备	C90/99	……	……

附录 A

续表

一级类名称	编码	二级类名称	编码	三级类名称	编码
矿业	D	……	……	……	……
石油	E	……	……	……	……
能源、核技术	F	……	……	……	……
化工	G	……	……	……	……
冶金	H	……	……	……	……
机械	J	……	……	……	……
电工	K	……	……	……	……
电子元器件与信息技术	L	……	……	……	……
通信、广播	M	……	……	……	……
仪器、仪表	N	……	……	……	……
土木、建筑	P	……	……	……	……
建材	Q	……	……	……	……
公路、水路运输	R	……	……	……	……
铁路	S	……	……	……	……
车辆	T	……	……	……	……
船舶	U	……	……	……	……
航空、航天	V	……	……	……	……
纺织	W	……	……	……	……
食品	X	……	……	……	……
轻工、文化与生活用品	Y	……	……	……	……
环境保护	Z	环境保护综合	Z00/09	……	……
		环境保护采样、分析测试方法	Z10/39	……	……
		环境质量标准	Z50/59	……	……
		污染物排放标准	Z60/79	……	……

附表 5 汇交方案质量检查记录表

项目（编号： _____ ）

数据汇交方案质量检查记录表

审查日期：_____

检查项目		检查结果	主要问题及修改建议（初审）	主要问题及修改建议（复审）	主要问题及修改建议（终审）
基本信息表内容是否完整		（是/否）			
项目计划任务书规定的任务和考核指标及调整情况	是否与任务书一致	（是/否）			
	信息是否填写完整	（是/否）			
汇交的数据内容	汇交的数据资源总体说明	是否完整	（是/否）		
		是否清晰			
	汇交的数据资源内容、共享方式与变更情况	是否涵盖了主要的考核指标	（是/否）		
		已填写的信息是否完整			
		已填写的信息内容是否合理			
	数据质量控制总体说明	是否完整	（是/否）		
		是否清晰			
数据资源质量控制	数据资源质量说明	是否涵盖了汇交的主要数据资源	（是/否）		
		已有信息是否完整			
	数据质量控制详细说明	已有的质量控制方法描述是否详尽	（是/否）		
相关说明		如有，描述是否合理			
其他意见与建议					

结论：1. 直接通过；2. 修改后直接通过；3. 修改后重审；4. 重新编写再审

初审人： _____ 复审人： _____ 终审人： _____

附录 A

附表 6 元数据质量检查记录表

项目（编号：_____）

审查日期：_____

元数据质量检查记录表

检查项目		检查结果	主要问题及修改建议（初审）	主要问题及修改建议（复审）	主要问题及修改建议（终审）
是否与汇交方案一致		（是/否）			
已有的元数据粒度是否合理		（是/否）			
已有的元数据信息是否完整		（是/否）			
元数据质量是否合理、规范		（是/否）			
缩略图	是否有对应的缩略图	（是/否）			
	缩略图是否合格	（是/否）			
其他意见与建议					

结论：1. 直接通过；2. 修改后直接通过；3. 修改后重审；4. 重新编写再审

初审人：_____　　复审人：_____　　终审人：_____

附表 7 数据实体及说明文档质量检查记录表

项目（编号：_____）

实体数据检查记录表

审查日期：_____

检查项目		检查结果	主要问题及修改建议（初审）	主要问题及修改建议（复审）	主要问题及修改建议（终审）
是否与汇交方案一致		——（是/否）			
汇交文件组织规范性		——（是/否）			
汇交文件完整性	数据实体	——（有/无）			
	数据文档	——（有/无）			
	缩略图	——（有/无）			
	专著论文	——（是/否。应该有，实际没有）			
	辅助软件	——（是/否。应该有，实际没有）			
实体数据	实体数据是否完整	——（是/否）			
	实体数据质量问题	——（有/无）			
数据文档存在的问题		——（有/无）			
专著论文存在的问题		——（有/无）			
辅助软件工具存在的问题		——（有/无）			
其他意见与建议					

初审人：_____   复审人：_____   终审人：_____

附录 B

数据库设计说明书

B.1 引言

B.1.1 背景

说明：

a. 说明数据库的立项背景；

b. 说明该数据库项目的任务提出者、使用此数据库的软件系统的名称及用户；

c. 说明本设计说明书的编写单位等。

B.1.2 编写目的

说明编写这份数据库设计说明书的目的，指出预期的读者。

B.1.3 定义

列出本文件中用到的专门术语的定义、外文首字母组词的原词组。

B.1.4 参考资料

列出有关的参考资料：

a. 引用、参考的国家有关软件设计、数据库设计等信息化标准规范；

b. 引用、参考的国内外公开发表的文件资料；

c. 引用、参考的本项目经核准的计划任务书或合同、上级机关批文；

d. 属于本项目的已发表的文件或其他设计规范等。

B.2 现状调研

B.2.1 数据资源现状

分析本数据库相关的数据资源现状，包括：数据资源的类型、内容、格式、数量等情况的分析。

B.2.2 数据库及管理系统现状

分析数据资源信息化的状态，包括：是否采用了数据库存储，如果采用了数据库，当前数据库的软件版本；是否已经建立了管理系统，如果建立了管理系统，当前管理系统的名称、开发运行环境等。

B.3 结构设计

B.3.1 概念结构设计（此部分为重点）

分析识别本数据库涉及的数据实体，以及数据实体相互间的关系，绘制形成实体关系图，即 E-R 图。

概念结构设计的具体成果形式参见成果输出部分。

B.3.2 逻辑结构设计

将概念设计的 E-R 图转换成具体数据库管理系统的关系数据模型。确定实体表及属性字段，以及实体表之间的关系，形成逻辑数据库。

具体内容包括（此部分为重点）：

a. 实体表列表，填写表 B.2，数据表名命名规则参考 5.2.2 节 5 小节。空间数据库为图层列表。

b. 实体表属性字段，填写表 B.7，字段命名参考参考 5.2.2 节 5 小节。空间数据库为图层的属性表。

c. 实体表之间的关系，可在表 B.7 中填写（外键和外键关系），同时通过数据表关系图来表达。

B.3.3 物理设计

空间数据库要明确其数学基准（坐标系和投影方式）。

根据逻辑结构，在具体的应用环境下，确定数据库的存储结构、存取路径、存放位置和系统配置，形成物理数据库。

许多关系数据库大量地屏蔽了内部物理结构，留给用户参与设计的余地不多。一般的数据库管理系统留给用户参与物理设计的内容大致是索引、聚集和分区的设计。

物理设计的内容、设计原则等参见 5.2.2 节。

数据库数据字典

B.1 数据字典管理

数据字典管理信息包含以下内容：

1. 数据字典编写人；
2. 数据字典编写日期；
3. 数据字典最后修改日期；
4. 数据字典的状态；
5. 数据字典审核人；
6. 审核日期。

附录 B

B.2 数据表

序号	表名称	中文名称	表主要字段项	操作人				更新说明	更新日期	总记录数	总容量（MB）
				姓名	电话	E-mail	地址	邮编				
1											
2											
……											

B.3 视图

序号	视图名称	中文名称	描述	脚本	最近更新人	最新更新日期
1						
2						
……						

B.4 存储过程

序号	存储过程名称	中文名称	描述	脚本	输入参数描述	输出参数描述	最近更新人	最新更新日期
1								
2								
……								

B.5 用户函数

序号	函数名称	中文名称	描述	脚本	输入参数描述	输出参数描述	最近更新人	最新更新日期
1								
2								
……								

B.6 用户定义数据类型

序号	用户定义数据类型名称	中文名称	系统数据类型	描述	长度
1					
2					
……					

B.7 数据项（字段）

<数据表名称>

序号	字段名称	中文名称	含义	数据类型	长度	精度	单位	是否必填	值域范围	产生规则	默认值	是否为主键	是否为外键	外键表名称.字段名	备注
1															
2															
……															

填写说明：

1. 字段含义是对字段准确的含义或取值基准等的解释。如：森林覆盖率的定义标准等。

2. 字段类型是指对应数据库管理系统中的数据类型。

3. 是否必填列中，若必填，则填"是"，不填或填"否"表示可为空。

4. 是否为主键列中，若是，则填写"是"，不填或填"否"表示不是主键。

5. 是否为外键列中，若是，则填写"是"，并必须填写外键表名.字段名信息；不填或填"否"表示不是外键。

6. 备注中填写其他需要说明的信息。如：字段值代码或符号的说明信息。